"十三五"应用型人才培养规划教材

传感器技术

◎ 关大陆 刘丽华 主编

清華大学出版社
北京

内容简介

本书介绍了传感器的基本知识和基本特性、传感器的标定和校准方法以及应用技术，重点阐述了各类传感器（电阻应变式、电感式、电容式、压电式、热电式、光电式、数字式、磁敏、气敏、湿敏传感器等）的转换原理、组成结构、特性分析、设计方法、信号调理技术及其在日常生活和生产过程中的典型应用，并对其他现代新型传感器做了简要介绍。

本书可作为高等院校测控技术与仪器、自动化、电子信息工程、物联网等专业的教材，也可作为其他相近专业高年级本科生和硕士研究生的学习参考书，同时可供从事电子仪器及测控技术工作的人员参考使用。

图书在版编目(CIP)数据

传感器技术/关大陆，刘丽华主编. —北京：清华大学出版社，2017(2022.1重印)
（“十三五”应用型人才培养规划教材）
ISBN 978-7-302-44987-4

Ⅰ. ①传… Ⅱ. ①关… ②刘… Ⅲ. ①传感器—高等学校—教材 Ⅳ. ①TP212

中国版本图书馆 CIP 数据核字(2016)第 216219 号

责任编辑：王剑乔
封面设计：刘　键
责任校对：李　梅
责任印制：刘海龙

出版发行：清华大学出版社
网　　址：http://www.tup.com.cn，http://www.wqbook.com
地　　址：北京清华大学学研大厦 A 座　　**邮　　编**：100084
社 总 机：010-62770175　　**邮　　购**：010-62786544
投稿与读者服务：010-62776969，c-service@tup.tsinghua.edu.cn
质量反馈：010-62772015，zhiliang@tup.tsinghua.edu.cn
课件下载：http://www.tup.com.cn，010-62770175-4278
印 装 者：北京九州迅驰传媒文化有限公司
经　　销：全国新华书店
开　　本：185mm×260mm　　**印　张**：9.25　　**字　　数**：210 千字
版　　次：2017 年 3 月第 1 版　　**印　　次**：2022 年 1 月第 5 次印刷
定　　价：32.00 元

产品编号：069135-02

FOREWORD 前言

传感器技术是测量技术、半导体技术、计算机技术、信息处理技术、微电子学、光学、声学、精密机械等众多学科相互交叉的综合性和高新技术密集型前沿技术之一，是现代新技术革命和信息社会的重要基础，是自动检测和自动控制技术不可缺少的重要组成部分；与通信技术、计算机技术构成信息产业的三大支柱。

随着应用型本科教育的逐步深入，急需探索一种不同于科研型院校和职业性技能型院校的教育模式。本书立足于常见检测方法和手段的基础之上，在注重实际应用的同时，也注重传感器内部电路的实现和设计，注重对现代传感器技术的技术前瞻进行介绍，主要体现应用型人才的培养。本书重点介绍了热工生产过程中温度、压力、物位、流量和气体含量等参数的常用检测方法和常见物理量的检测方法，重点突出了各种检测方法的典型电路和实际应用。

本书内容丰富、全面、新颖，传感器原理部分概念清晰，应用部分充分结合生产和工程实践。同时，该书对传感器与检测技术的工程应用和技术思路做了引导，使读者在阅读中可将传感器与工程检测方面的知识有机联系起来，为解决实际工程问题打下基础。

本书由辽宁科技学院关大陆和刘丽华教授编写，其中，关大陆教授编写了第1~4章，刘丽华教授编写了第5~8章，全书由关大陆教授统稿。

由于作者水平有限，书中难免有疏漏和不妥之处，恳请广大读者批评和指正。

编　者

2017年1月

CONTENTS

目录

CHAPTER 1 第 1 章

传感器的基本概念

传感器(Transducer 或 Sensor)被誉为“工业眼睛”,是当今世界重要的技术发展方向之一,与信息技术、计算机技术并列成为支撑整个现代信息产业的三大支柱。它是各种信息感知、采集、转换、传输和处理的功能器件,已经成为各个应用领域,特别是自动检测、自动控制系统中不可缺少的重要技术工具。例如,在冶金企业中,为保证产品质量,要检测温度、流量、物位、压力、气体含量等参数;在化工企业中,要检测物重、浓度、压力、液位等;飞行器上,要检测飞行参数、姿态、转速等参数,使航天器按人们预先设计的轨道正常运行。这些都要依靠传感器。

1.1 传感器的定义、组成与分类

1. 传感器的定义和组成

传感器有时也被称为换能器、变换器、变送器或探测器,其主要特征是能感知和检测某一形态的信息,并将其转换成另一形态的信息。因此,传感器是指那些对被测对象某一确定的信息具有感受(或响应)与检出功能,并使之按照一定规律转换成与之对应的有用输出信号的元器件或装置。这里的信息应包括电量和非电量。在不少场合,人们将传感器定义为敏感于待测非电量并可将其转换成与之对应的电信号的元件、器件或装置的总称。

国家标准 GB 7665—87 对传感器下的定义是:“能感受规定的被测量并按照一定的规律转换成可用信号的器件或装置,通常由敏感元件和转换元件组成”。传感器是一种检测装置,能感受到被测量的信息,并能将检测感受到的信息按一定规律变换成为电信号或其他所需形式的信息输出,以满足信息的传输、处理、存储、显示、记录和控制等要求。它是实现自动检测和自动控制的首要环节。

此外,人们从其功能出发,形象地将传感器定义为,具有视觉、听觉、触觉、嗅觉和味觉等功能的元器件或装置。不仅可应用于人无法忍受的高温、高压、辐射等恶劣环境,还可以检测出人类“五官”不能感知的各种信息(如微弱的电磁场等)。

传感器组成的细节有较大差异。但总体来说,传感器应由敏感元件、转换元件、转换电路和其他辅助电路组成,如图 1.1 所示。

敏感元件是指传感器中能直接感受(或响应)与检出被测对象的待测信息(非电量)的部分。转换元件是指传感器中能将敏感元件所感受(或响应)出的信息直接转换成电信号

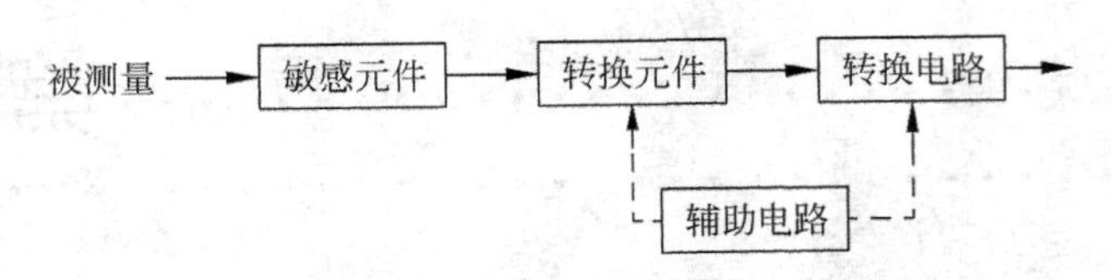

图 1.1 传感器组成框图

的部分。转换电路是能把转换元件输出的电信号转换为便于显示的信号的电路。辅助电路通常包括电源,即交、直流供电系统。

日常生活中电子秤的传感器由弹性体(敏感元件)和电阻应变片组成。其中,弹性体就是敏感元件,它能将压力转换成应变(形变);弹性体的形变施加在电阻应变片上,它能将应变量转换成电阻的变化量,电阻应变片就是转换元件。

但不是所有的传感器都必须包括敏感元件和转换元件。如果敏感元件直接输出的是电量,它就同时兼为转换元件,敏感元件和转换元件两者合一的传感器是很多的。例如,热电偶等就是这种形式的传感器。

在国外,传感器和变送器是可以画等号的,但是在我国,将输出标准信号的传感器称为变送器。4～20mA DC(1～5V DC)信号制是国际电工委员会(IEC)过程控制系统用模拟信号标准。我国从 DDZ-Ⅲ型电动仪表开始采用该国际标准信号制,仪表传输信号采用4～20mA DC,联络信号采用 1～5V DC,即采用电流传输、电压接收的信号系统。

2. 传感器的分类

传感器的品种很多,检测原理各异,因此其分类方法甚繁,常见的分类方法如下。

1) 按输出信号分

(1) 模拟传感器:将被测量的非电学量转换成模拟电信号。常见的有 4～20mA 或1～5V。

(2) 数字传感器:将被测量的非电学量转换成数字输出信号(包括标准的总线信号和频率信号等)。

(3) 开关传感器:当被测量的信号达到某个特定的阈值时,传感器相应地输出一个设定的低电平或高电平信号,一般只有两个状态,常用于位式控制中。

2) 按工作机制分

这种分类方法以其工作原理划分,将物理、化学和生物等学科的原理、规律、效应作为分类的依据。按传感器工作机制的不同,可分为结构型、物性型和复合型三大类。

(1) 结构型传感器是利用物理学的定律等构成的,其性能与构成材料关系不大。这是一类其结构的几何尺寸(如厚度、角度、位置等)在被测量作用下会发生变化,并可获得与被测非电量的电信号相关的敏感元器件或装置。例如电容式、电感式传感器均属此类。这类传感器开发得最早,至今仍然广泛应用于工业流程检测设备中。一般它的结构复杂、体积偏大、价格偏高。

(2) 物性型传感器利用物质的某种和某些客观属性构成,其性能因构成材料的不同而有明显区别。这是一类由其构成材料的物理特性、化学特性或生物特性直接敏感于被测非电量,并可将被测非电量转换成电信号的敏感元器件或装置。由于它的“敏感体”本来就是材料本身，故不存在显著的结构特征，也无所谓“结构变化”，所以这类传感器通常具有响应快的特点；又因为它多以半导体为敏感材料，故易于集成化、小型化、智能化，显然，这对于与微型计算机接口是有利的。半导体传感器以及一切利用因环境发生变化而导致本身性能发生变化的金属、半导体、陶瓷、合金等制成的传感器都属于物性型传感器。典型的有热敏电阻、光敏电阻等。

(3) 复合型传感器是由结构型传感器和物性型传感器组合而成的兼有两者特性的传感器。例如温度振动传感器，通过结构型检测振动参数；通过物性型检测温度参数。

3) 按被测量分类

按被测量的性质不同可分为位移、力、速度、温度、流量、气体成分等传感器。基本被测量和派生被测量见表1.1。

表1.1　基本被测量和派生被测量

基本被测量		派生被测量
位移	线位移	长度、厚度、应变、振动、磨损、平面度
	角位移	旋转角、偏转角、角振动
速度	线速度	振动、流量
	角速度	转速、角振动
加速度	线加速度	振动、冲击、质量
	角加速度	角振动、转矩、转动惯量
力	压力	质量、应力、力矩
时间	频率	周期、计数
光		光通量与密度、光谱
温度		热容
湿度		水汽、含水量、露点
浓度		气(液)体成分、黏度

由于这种分类方式是按照被测量命名传感器的，其优点是明确指出传感器的用途，便于使用者根据其用途选用。但是这种分类方法是将原理互不相同的传感器归为一类，很难找出每种传感器在转换机制上有何共性和差异，因此，对掌握传感器的一些基本原理及分析是不利的。

4) 按其制造工艺分类

(1) 集成传感器：用标准的生产硅基半导体集成电路的工艺技术制造。集成传感器通常还将用于初步处理被测信号的部分电路也集成在同一芯片上。

(2) 薄膜传感器：是通过沉积在介质衬底(基板)上的、相应敏感材料的薄膜形成的。使用混合工艺时，同样可将部分电路制造在此基板上。

(3) 厚膜传感器：利用相应材料的浆料，涂覆在陶瓷基片上制成的，基片通常由Al_2O_3制成，然后进行热处理，使厚膜成形。

(4) 陶瓷传感器：采用标准的陶瓷工艺或某种变种工艺(溶胶、凝胶等)生产。完成适当的预备性操作之后，已成形的元件在高温中烧结。厚膜传感器和陶瓷传感器的工艺之间有许多共同特性，在某些方面，可以认为厚膜工艺是陶瓷工艺的一种变形。

每种工艺技术都有自己的优点和不足。由于研究、开发和生产所需的资本投入较低，以及传感器参数的高稳定性等原因，采用陶瓷传感器和厚膜传感器比较合理。

5）按能量的关系分类

根据能量关系分类，可将传感器分为有源传感器和无源传感器两大类。前者一般是将非电能量转换为电能量，称为能量转换型传感器，也称为换能器。通常它们配有电压测量和放大电路，如压电式、热电式、压阻式等。无源传感器又称为能量控制型传感器，它本身不是一个换能装置，被测非电量仅对传感器中的能量起控制或调节作用。所以，它们必须具有辅助能源（电源）。这类传感器有电阻式、电容式和电感式等。无源传感器常用电桥和谐振电路等电路测量。

6）按传感器工作原理分类

按传感器工作原理可分为电阻传感器、电容传感器、电感传感器、电压传感器、霍尔传感器、光电传感器、光栅传感器、热电偶传感器等。

1.2 传感器的技术特点和发展趋势

1. 技术特点

1）内容范围广且离散

传感器可涉及的内容广而离散的特点主要体现在传感器技术可利用的物理学、化学、生物学、电子学等中的基础“效应”“反应”“机制”不仅数量甚多，而且往往彼此独立甚至完全不相关。

2）知识密集程度高，边缘学科色彩极浓

由于传感器技术是以材料的电、磁、光、声、热、力等功能效应和功能形态变换原理为基础，并综合了物理学、化学、生物工程、微电子学、材料科学、精密机械、微细加工、试验测量等方面的知识和技术而形成的一门科学。因此，传感器技术是学科交错应用极多、知识密集极高、与许多基础科学和专业工程学有着极为密切关系的技术。

3）技术复杂，工艺要求高

传感器的制造涉及了许多高新技术，如集成技术、薄膜技术、超导技术、微细或纳米加工技术、黏合技术、高密封技术、特种加工技术以及多功能化、智能化技术等，因此，传感器的制造工艺难度很大，要求很高。

4）功能优，性能好

传感器功能优主要体现在其功能的扩展性好、适应性强。具体地说，传感器不但具备人类“五官”所具有的视觉、听觉、触觉、嗅觉、味觉，还能检测“五官”不能感觉到的信息，同时能在人类无法忍受的高温、高压等恶劣环境下工作。

性能好体现在传感器的量程宽、精度高、可靠性好等方面。

5）品种繁多，应用广泛

由于现代信息系统中待测的信息（待测量）很多，而且一种待测量往往可用几种传感器来测量，因此，传感器产品品种极为庞杂、繁多。

传感器的应用范围很广，从航天、航空、兵器、船舶、交通、冶金、机械、电子、化工、轻工、能源、环保、煤炭、石油、医疗卫生、生物工程、宇宙开发等领域至农、林、牧、副、渔业，甚至人们日常生活的各个方面，几乎无处不使用传感器，无处不需要传感器技术。

2. 发展趋势

传感器作为人类认识和感知世界的一种工具，其发展历史相当久远，可以说是伴随着人类文明进程而发展起来的。传感器技术的发展程度影响、决定着人类认识世界的程度与能力。

随着科学进步和社会发展，传感器技术在国民经济和人们的日常生活中占有越来越重要的地位。人们对传感器的种类、性能等方面的要求越来越高，这也进一步促进了传感器技术的快速发展。目前许多国家把传感器技术列为重点发展的关键技术之一。美国曾把 20 世纪 80 年代看成是传感器技术时代，并将其列为 20 世纪 90 年代 22 项关键技术之一；日本把传感器技术列为 20 世纪 80 年代十大技术之首。从 20 世纪 80 年代中后期开始，我国也把传感器技术列为国家优先发展的重要技术之一。

传感器技术是一项与现代技术密切相关的尖端技术，近年来发展很快，主要特点及发展趋势表现在以下几个方面。

1）发现利用新现象、新效应

利用物理现象、化学反应和生物效应是各种传感器工作的基本原理，所以发现新现象与新效应是发展传感器技术的重要工作，是研制新型传感器的理论基础，其意义极为深远。

例如，日本夏普公司利用超导技术研制成功高温超导磁性传感器，是传感器技术的重大突破，其灵敏度高，仅次于超导量子干涉器件。但它的制造工艺远比超导量子干涉器件简单，可用于磁成像技术，具有广泛的推广价值。

2）开发新材料

传感器材料是传感器技术发展的物质基础，随着材料科学的快速发展，人们可根据实际需要，控制传感器材料的某些成分或含量，从而设计制造出用于各种传感器的新功能材料。例如，用高分子聚合物薄膜制成温度传感器；用光导纤维制成压力、流量、温度、位移等多种传感器；用陶瓷制成压力传感器，用半导体氧化物制成各种气体传感器等。这些新材料的应用，极大地提高了各类传感器的性能，促进了传感器技术的发展。

3）采用高新技术

随着微电子技术、计算机技术、精密机械技术、高密封技术、特种加工技术、集成技术、薄膜技术、网络技术、纳米技术、激光技术、超导技术、生物技术等高新技术的迅猛发展，传感器技术进入了一个更为广阔的发展空间。高新技术成果的采用成为传感器技术发展的技术基础和强大推动力。因此，传感器的高科技化不但是传感器技术的主要特征，而且是 21 世纪传感器及其产业的发展方向。

4）拓展应用领域

目前检测技术正在向宏观世界和微观世界纵深发展。空间技术、海洋开发、环境保护以及地震预测等都要求检测技术满足开发、研究宏观世界的要求，而细胞生物学、遗传工程、光合作用、医学及微加工技术等又希望检测技术跟上研究微观世界的步伐，因此，科学的发展对当前传感器技术的研究与开发提出许多新的要求，其中重要的一点就是要拓宽应用领域和检测范围,不断突破参数测量的极限。通过这些应用领域的开发和研究,不但可以提高传感器的应用性能,而且可以促进其他相关技术的发展,甚至会诞生一些新学科。

5) 提高传感器的性能

检测技术的发展必然要求传感器的性能不断提高。例如,对于火箭发动机燃烧室的压力测量,希望测量精度高于0.1%;对于超精密机械加工的在线测量,要求误差小于0.1μm等,由此需要人们研制出更多性能优异的各类传感器。

对传感器而言,其主要性能指标包括检测精度、线性度、灵敏度和稳定性等,其中检测精度是其中最重要的性能指标。在20世纪30年代至40年代,检测精度一般为百分之几到千分之几。近年来,随着传感器技术的不断发展,其检测精度提高很快,有些被测量的检测精度可达万分之几,甚至百万分之几。例如,用直线光栅测线位移时,测量范围在几米时,误差仅为几微米。

6) 传感器的微型化与低功耗

目前各种测控仪器设备的功能越来越强大,同时各个部件的体积却越来越小,这就要求传感器自身的体积也要小型化、微型化,现在一些微型传感器,其敏感元件采用光刻、腐蚀、沉积等微机械加工工艺制作而成,尺寸可以达到微米级。此外,由于传感器工作时大多离不开电源,在野外或远离电网的地方,往往是用电池或太阳能等供电,因此开发微功耗的传感器及无源传感器就具有重要的实际意义,这样不仅可以节省能源,还可以提高系统的工作寿命。

7) 传感器的集成化与多功能化

传感器的集成化是指将信息提取、放大、变换、传输以及信息处理和存储等功能都制作在同一基片上,实现一体化。与一般传感器相比,它具有体积小、反应快、抗干扰、稳定性好及成本低等优点。目前,随着半导体集成技术与厚、薄膜技术的不断发展,传感器的集成化已成为传感器技术发展的一种趋势。

传感器的多功能化是与“集成化”相对应的一个概念,是指传感器能感知与转换两种以上不同的物理量,例如,使用特殊的陶瓷材料把温度和湿度敏感元件集成在一起,制成温湿度传感器;将检测几种不同气体的敏感元件用厚膜制造工艺制作在同一基片上,制成检测氧、氨、乙醇、乙烯等气体的多功能传感器等。利用多种物理、化学及生物效应使传感器多功能化,已日益成为当今传感器发展的方向。

8) 传感器的智能化与数字化

利用计算机及微处理技术使传感器智能化是20世纪80年代以来传感器技术的一大飞跃。智能传感器是一种带有微处理器的传感器,与一般传感器相比,它不仅具有信息提取、转换等功能,而且具有数据处理、双向通信、信息记忆存储、自动补偿及数字输出等功能。

随着人工神经网络、人工智能和信息处理技术(如多传感器信息融合技术、模糊理论等)的进一步发展,智能传感器将具有更高级的分析、决策及自学功能,可完成更复杂的检测任务。

此外,目前传感器的功能已突破传统的界限,其输出不再是单一的模拟信号,而是经过微处理器处理过的数字信号，有的甚至带有控制功能，这就是所谓的数字传感器。数字传感器的特点：①将模拟信号转换成数字信号输出，提高了传感器的抗干扰能力，特别适用于电磁干扰强、信号传输距离远的工作现场；②可通过软件对传感器进行线性修正及性能补偿，减少了系统误差；③一致性与互换性好。

可以预见，随着计算机和微处理技术的不断发展，智能化、数字化传感器一定会迎来更为广阔的发展前景。

9）传感器的网络化

传感器的网络化是传感器领域近些年发展起来的一项新兴技术，它利用 TCP/IP 协议，使现场测量数据就近通过网络与网络上有通信能力的节点直接进行通信，实现了数据的实时发布和共享。由于传感器自动化、智能化水平的提高，多台传感器联网已推广应用，虚拟仪器、三维多媒体等新技术已开始实用化。传感器网络化的目标就是采用标准的网络协议，同时采用模块化结构将传感器和网络技术有机地结合起来，实现信息交流和技术维护。

1.3　传感器的基本特性

传感器所测量的非电量一般有两种形式：一种是稳定的，即不随时间变化或变化极其缓慢的信号，称为静态信号；另一种是随时间变化而变化的信号，称为动态信号。由于输入量的状态不同，传感器所呈现出来的输入-输出特性也不同，因此存在所谓的静态特性和动态特性。

为了降低或消除传感器在测量控制系统中的误差，传感器必须具有良好的静态特性和动态特性，才能使信号（或能量）按规律准确地转换。

1.3.1　静态模型和静态特性

1. 静态模型

静态模型是指在静态信号（输入信号不随时间变化的量）情况下，描述传感器输出量与输入量间的一种函数关系。如果不考虑蠕动效应和迟滞特性，传感器的静态模型一般可用多项式来表示：

$$y = a_0 + a_1 x + a_2 x^2 + \cdots + a_n x^n \tag{1.1}$$

式中：x 为输入量；y 为输出量；a_0 为零位输出；a_1 为传感器线性灵敏度；$a_2,\cdots,a_n$ 为非线性项的待定系数。

传感器的静态模型有三种有用的特殊形式：

$$y = a_1 x \tag{1.2}$$

$$y = a_0 + a_2 x^2 + a_4 x^4 + \cdots \tag{1.3}$$

$$y = a_1 x + a_3 x^3 + a_5 x^5 + \cdots \tag{1.4}$$

式(1.2)表示传感器的输出量和输入量呈严格的线性关系，也称为理想特性；式(1.3)和式(1.4)均为非线性关系，但是由于式(1.4)具有基于原点的对称性，因此，也是较理想的特性之一，而且可以在一定程度上简化为理想特性。

2. 静态特性

静态特性是指对静态的输入信号，传感器的输出量与输入量之间所具有的相互关系。因为这时输入量和输出量都与时间无关，所以它们之间的关系，即传感器的静态特性可用一个不含时间变量的代数方程，或以输入量作横坐标，把与其对应的输出量作纵坐标而画出的特性曲线来描述。表征传感器静态特性的主要参数有线性度、灵敏度、重复性、迟滞特性、分辨率、稳定性和漂移等。

1) 线性度

通常情况下，传感器的实际静态特性输出是条曲线而非直线。在实际工作中，为使仪表具有均匀刻度的读数，常用一条拟合直线近似地代表实际的特性曲线，线性度(非线性误差)就是这个近似程度的一个性能指标。

拟合直线的选取有多种方法，如将零输入和满量程输出点相连的理论直线作为拟合直线，或将与特性曲线上各点偏差的平方和为最小的理论直线作为拟合直线，此拟合直线称为最小二乘法拟合直线。

所谓传感器的线性度就是其输出量与输入量之间的实际关系曲线偏离拟合直线的程度，又称为非线性误差。非线性误差可用下式表示：

$$\gamma_{L} = \pm \frac{\Delta L_{max}}{y_{FS}} 100\% \tag{1.5}$$

式中：ΔL_{max}为输出量和输入量实际曲线与拟合直线之间的最大偏差；y_{FS}为输出满量程值。

2) 灵敏度

传感器的灵敏度是其在稳态工作情况下，输出增量与输入增量的比值，常用式(1.6)表示：

$$S = \frac{\Delta y}{\Delta x} \tag{1.6}$$

对于线性传感器，其灵敏度就是输出-输入特性曲线的斜率，灵敏度S是一个常数，这是最理想的特性。而非线性传感器的灵敏度是一个变量，应用中需要线性化处理或进行线性补偿。

灵敏度的量纲是输出量与输入量的量纲之比。例如，某位移传感器，在位移变化1mm时，输出电压变化为200mV，则其灵敏度应表示为200mV/mm。当传感器的输出量和输入量的量纲相同时，灵敏度可理解为放大倍数，比如运放的放大倍数。

提高灵敏度，可得到较高的测量精度。但灵敏度越高，测量范围越窄，稳定性也往往变差。

3) 重复性

重复性表示传感器在输入量按同一方向作全量程的多次测试时，所得特性曲线不一致的程度(见图1.2)。多次按相同输入条件测试的输出特性曲线越重合，其重复性越好，误差也越小。传感器输出持性的不重复性主要由传感器机械部分的磨损、间隙、松动、部件的内摩擦、积尘以及辅助电路老化和漂移等原因产生的。

不重复性一般采用下式的极限误差式表示：

$$\gamma_{R}=\pm\frac{\Delta_{max}}{y_{FS}}\times 100\% \tag{1.7}$$

式中：Δ_{max}为输出最大不重复误差，是进程和回程的最大误差；y_{FS}为满量程输出值。

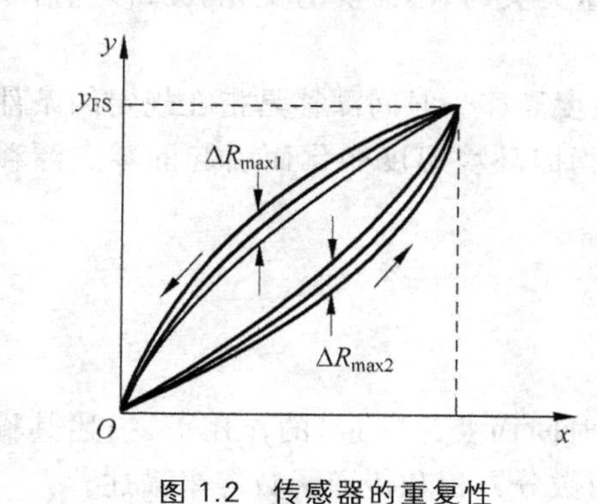

图 1.2　传感器的重复性

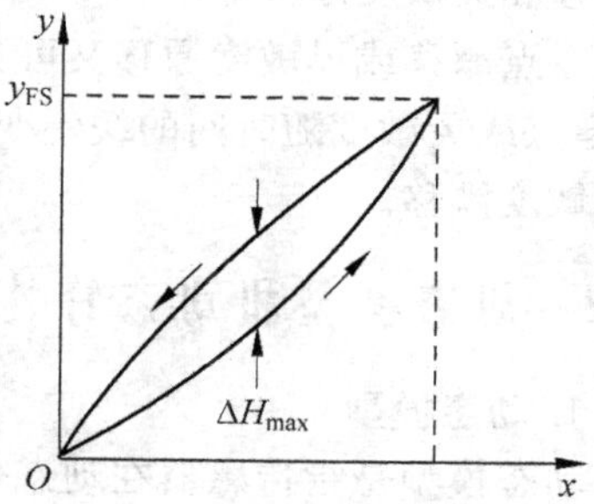

图 1.3　传感器的迟滞性

4) 迟滞(回差滞环)特性

迟滞特性能表明传感器在正向(输入量增大)行程和反向(输入量减少)行程期间，输出-输入特性曲线不重合的程度，如图 1.3 所示。对于同一大小的输入信号，在 x 连续增大的行程中，对应某一输出量为 y，在 x 连续减小过程中，对应于输出量为 y 之间的差值叫作滞环误差，这就是所谓的迟滞现象。产生这种现象的主要原因类似重复误差的原因。迟滞特性表征传感器在正向(输入量增大)和反向(输入量减小)行程期间输出-输入特性曲线不一致的程度，通常用这两条曲线之间的最大差值 ΔH_{max}与满量程输出 y_{FS}的百分比表示。

$$\gamma_{H}=\pm\frac{1}{2}\times\frac{\Delta H_{max}}{y_{FS}}\times 100\% \tag{1.8}$$

迟滞可由传感器内部元件存在能量的吸收造成。

5) 分辨率

分辨率是指在规定测量范围内所能检测输入量的最小变化。有时也用该值相对满量程输入值的百分数表示。

分辨率表示传感器可能感受到的被测量的最小变化的能力。也就是说，如果输入量从某一非零值缓慢地变化，当输入量变化值未超过某一数值时，传感器的输出量不会发生变化，即传感器对此输入量的变化是分辨不出来的。只有当输入量的变化超过分辨率时，其输出量才会发生变化。

通常传感器在满量程范围内各点的分辨率并不相同，因此常用满量程中能使输出量产生阶跃变化的输入量中的最大变化值作为衡量指标。上述指标若用满量程的百分比表示，则称为分辨率。

6) 稳定性

稳定性有短期稳定性和长期稳定性之分，对于传感器，常用长期稳定性描述其稳定性。所谓传感器的稳定性是指在室温条件下，经过相当长的时间间隔，如一天、一个月或一年，传感器的输出与起始标定时的输出之间的差异。因此，通常也用其不稳定度来表征传感器输出的稳定程度。

7）漂移

漂移是指在外界的干扰下，输出量发生与输入量无关的、不需要的变化。漂移包括零点漂移和灵敏度漂移等。

零点漂移或灵敏度漂移又可分为时间漂移和温度漂移。时间漂移是指在规定的条件下，零点或灵敏度随时间的缓慢变化。温度漂移是指因环境温度变化而引起的零点漂移或灵敏度漂移。

1.3.2 动态模型和动态特性

1. 动态模型

动态模型是指传感器在动态信号（输入信号随时间而变化的量）的作用下，描述其输出和输入信号的一种数学关系。动态模型通常采用微分方程和传递函数等来描述。

绝大多数传感器都属模拟（连续变化）系统之列。描述模拟系统的一般方法是采用微分方程。在实际的模型建立过程中，一般采用线性时不变系统理论描述传感器的动态特性，即用线性常系数微分方程表示传感器输出量 y 和输入量 x 的关系。其通式如下：

$$a_n \frac{\mathrm{d}^n y}{\mathrm{d}t^n} + a_{n-1} \frac{\mathrm{d}^{n-1} y}{\mathrm{d}t^{n-1}} + \cdots + a_0 y = b_m \frac{\mathrm{d}^m x}{\mathrm{d}t^m} + b_{m-1} \frac{\mathrm{d}^{m-1} x}{\mathrm{d}t^{m-1}} + \cdots + b_0 x \tag{1.9}$$

式中：$a_n, a_{n-1}, \cdots, a_0$ 为传感器的结构参数（是常量）。对于传感器，除 b_0 外，一般取 b_m，$b_{m-1}, \cdots, b_1$ 为 0。

定义输出 $y(t)$的拉氏变换 $y(S)$和输入 $x(t)$的拉氏变换 $x(S)$的比 $\frac{y(S)}{x(S)}$ 为该系统的传递函数。

2. 动态特性

动态特性是传感器在测量中非常重要的问题，它是传感器对输入激励的输出响应特性。一个动态特性好的传感器，随时间变化的输出曲线能同时再现输入随时间变化的曲线，即输出与输入具有相同类型的时间函数。在动态的输入信号情况下，输出信号一般来说不会与输入信号具有完全相同的时间函数，这种输出与输入间的差异就是所谓的动态误差。这是由于在动态（快速变化）输入信号情况下，要有较好的动态特性，不仅要求传感器能精确地测量信号的幅值大小，而且能测量出信号变化过程的波形，即要求传感器能迅速、准确地响应信号幅值变化和无失真地再现被测信号随时间变化的波形。

动态特性是指传感器在输入变化时，它的输出的特性。在实际工作中，传感器的动态特性常用它对某些标准输入信号的响应来表示。这是因为传感器对标准输入信号的响应容易用实验方法求得，并且它对标准输入信号的响应与它对任意输入信号的响应之间存在一定的关系，往往知道了前者就能推定后者。最常用的标准输入信号有阶跃信号和正弦信号两种，所以传感器的动态特性也常用阶跃响应和频率响应来表示。

任何传感器都有影响动态特性的“固有因素”，只不过表现形式和作用程度不同而已。研究传感器的动态特性主要是为了从测量误差角度分析产生动态误差的原因以及提出改善措施。具体研究时，通常从时域或频域两方面采用瞬态响应法和频率响应法来分析。

由于激励传感器信号的时间函数是多种多样的，在时域内研究传感器的响应特性，同自动控制系统分析一样，只能通过对几种特殊的输入时间函数，如阶跃函数、脉冲函数和斜坡函数等来研究其响应特性。在频域内通常利用正弦函数研究传感器的频率响应特性。为了便于比较、评价或动态定标，最常用的输入信号为阶跃信号和正弦信号，对应的方法为阶跃响应法和频率响应法。

1）阶跃响应

当传感器具有二阶系统特性时，给静止的传感器输入一个单位阶跃函数信号零阻尼、欠阻尼和过阻尼下响应曲线，如图 1.4 所示。常见的传感器具有欠阻尼特性，图 1.5 为单独二阶欠阻尼系统响应曲线。很多二阶系统参数都源于图 1.5 所示曲线。图 1.6 为一阶系统的响应曲线。

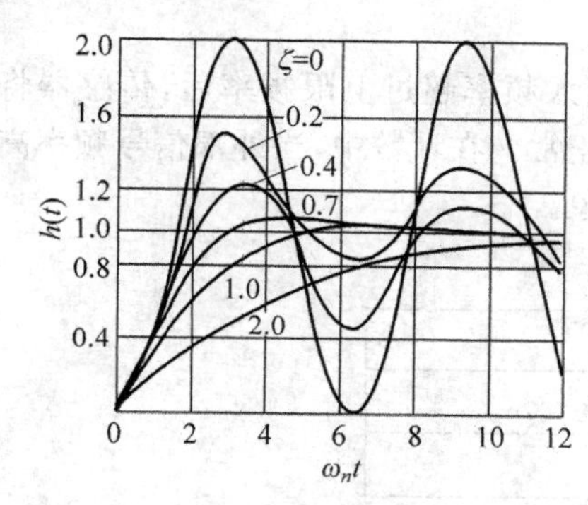

图 1.4　不同阻尼比下二阶系统响应曲线

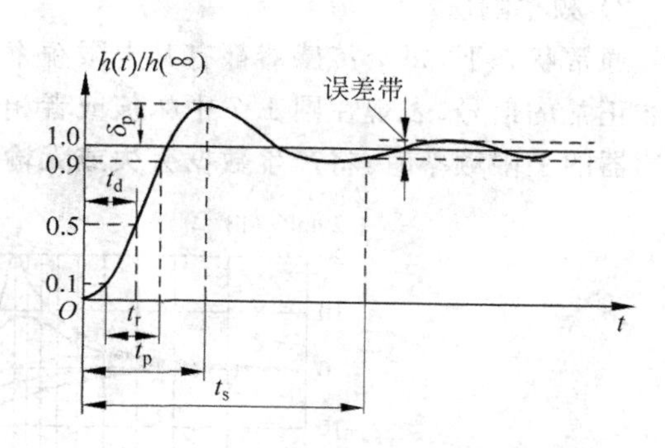

图 1.5　二阶欠阻尼系统响应曲线

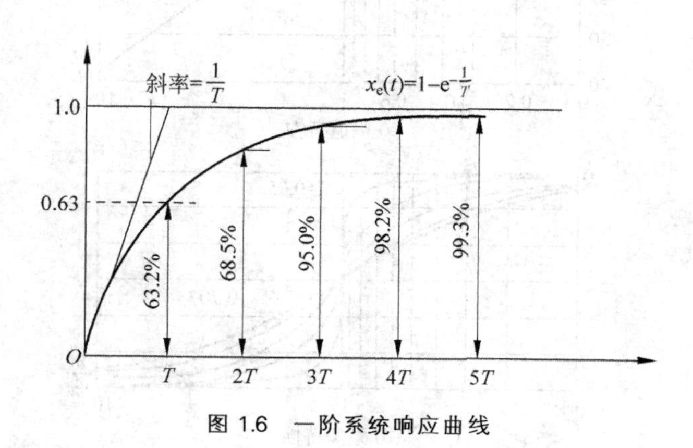

图 1.6　一阶系统响应曲线

(1) 最大超调量 δ_p

最大超调量就是响应曲线偏离阶跃曲线的最大值。最大超调量能说明传感器的相对稳定性。

由图 1.5 可以说明具有二阶特性的传感器的相关参数。

(2) 延滞时间 t_d

延滞时间是指阶跃响应达到稳态值 50%所需要的时间。

(3) 上升时间 t_r

对于有超调的传感器,上升时间为从零上升到第一次到达稳态值所需的时间。对于无超调传感器,上升时间为稳态值的 10%~90%。

(4) 峰值时间 t_p

峰值时间为响应曲线到第一个峰值所需的时间。该参数特指欠阻尼情况。

(5) 响应时间 t_s

响应时间为响应曲线衰减到稳态值之差不超过稳态值的±5%或±2%时所需要的时间,有时称为过渡过程时间。

上述是时域响应的主要指标。由于传感器动态参数测量的特殊性,如果不注意控制这些误差,将会导致严重的测量误差,如传热过程中的滞后特性。

2) 频率响应

通常状态下,每个传感器都有其上限频率,当输入频率超过上限频率后,传感器将输出非正常的信号,表现在图 1.7 中幅值或者相位不正常。在计数中,当外部信号频率高于传感器的上限频率时,将产生数据丢失或无输出现象。

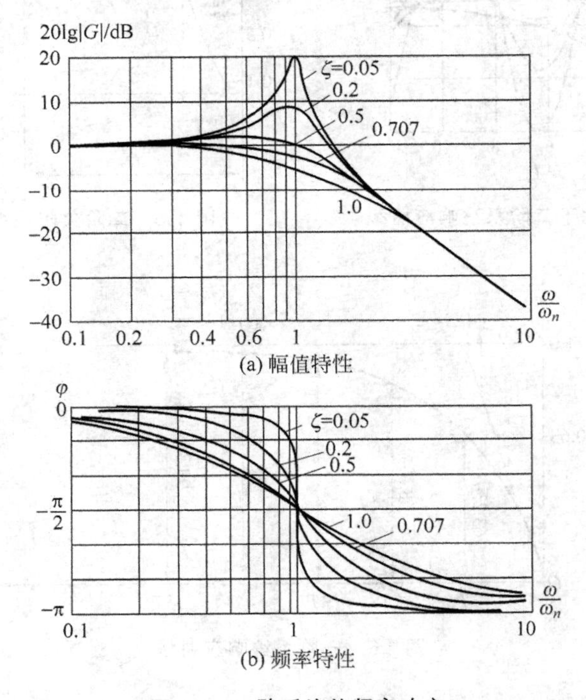

图 1.7 二阶系统的频率响应

本章小结

本章主要介绍了传感器的基本概念、特点、分类、发展趋势和系统组成。传感器的常见特性有静态特性和动态特性。静态特性的常见参数有非线性、滞后性、灵敏度等。动态特性一般可以用一阶系统、二阶系统和近似的二阶系统来表示。其主要的参数有上升时间、稳定时间、滞后时间等。

思考题与习题

1. 什么是传感器和变送器？有何区别？

2. 传感器分类有哪几种？它们各适合在什么情况下使用？

3. 传感器的静态特性是什么？由哪些性能指标描述？它们一般用哪些公式表示？

4. 传感器的动态特性是什么？

5. 某压力传感器，输入满量程为 5kg，输出满量程为 10mV，该传感器的灵敏度是多少？

6. 某一阶传感器的输出特性如图 1.6 所示，在实际中如何通过实验测量系统的时间常数？

第2章 CHAPTER 2

温度测量

热电式传感器是一种将温度变化转换为电量变化的装置。它利用传感元件的电磁参数随温度变化的特性来达到测量的目的。例如将温度转化为电阻、磁导或电势等的变化,通过适当的测量电路,就可由这些电参数的变化表达所测温度的变化。

在各种热电式传感器中,以把温度量转换为电势和电阻的方法最为普遍。其中,将温度转换为电势大小的热电式传感器叫作热电偶;将温度转换为电阻值大小的热电式传感器叫作热电阻。这两种热电式传感器目前在工业生产中已得到广泛应用。另外,利用半导体 PN 结与温度的关系研制的 PN 结型温度传感器在窄温场中,也得到广泛应用。

常用温标如下所述。

(1) 华氏温标。由华伦海特(Fahrenheit,1686—1736 年)于 1714 年建立。他最初规定氯化铵与冰的混合物为 0°F;人的体温为 100°F。后来规定在标准状态下纯水与冰的混合物为 32°F;水的沸点为 212°F。两个标准点之间均匀划为 180 等份,每份为 1°F。

(2) 列氏温标。由列奥缪尔(Reaumur,1685—1757 年)于 1740 年建立。他将水的冰点定为 0°R;将酒精体积改变千分之一的温度变化为 1°R。这样,水的沸点为 80°R。

(3) 摄氏温标。由摄尔修斯(Celsius,1710—1744 年)于 1742 年建立。最初,他将水的冰点定为 100°C;水的沸点定为 0°C,后来他接受了瑞典科学家林列的建议,把两个温度点的数值对调了过来。(1960 年国际计量大会对摄氏温标作了新的定义,规定它由热力学温标导出。摄氏温度(符号 t)的定义为 $t/°C=T/K-273.15$。)

(4) 开氏温标。由开尔文(Lord Kelvin,1824—1907 年)于 1848 年建立。1954 年国际计量大会规定水的三相点的温度为 273.16K。(这个数值的规定有其历史的原因:①为了使开尔文温标每一度的温度间隔与早已建立并广为使用的摄氏标度法每一度的间隔相等;②按理想气体温标,通过实验并外推得出理想气体的热膨胀率为 1/273.15。由此确定−273.15°C 为绝对温度的零度,而冰点的绝对温度为 273.15 K;③将标准温度点由水的冰点改为水的三相点(相差 0.01°C)时,按理想气体温标确定的水的三相点的温度就确定为 273.16K。)

2.1 热电阻

热电阻是利用导体的电阻随温度变化而变化的特性测量温度的,因此要求作为测量用的热电阻材料必须具备以下特点:电阻温度系数要尽可能大且稳定;电阻率高,电阻与温度之间关系最好成线性，并且在较宽的测量范围内具有稳定的物理性质和化学性质。目前广泛应用的热电阻材料有铂和铜等。

2.1.1 热电阻的主要组成

热电阻主要由电阻体、绝缘管和接线盒等组成。其中，电阻体为主要组成部分，它又由电阻丝、保护膜、引出线、骨架等部分构成。如图 2.1 所示为铂热电阻的结构。

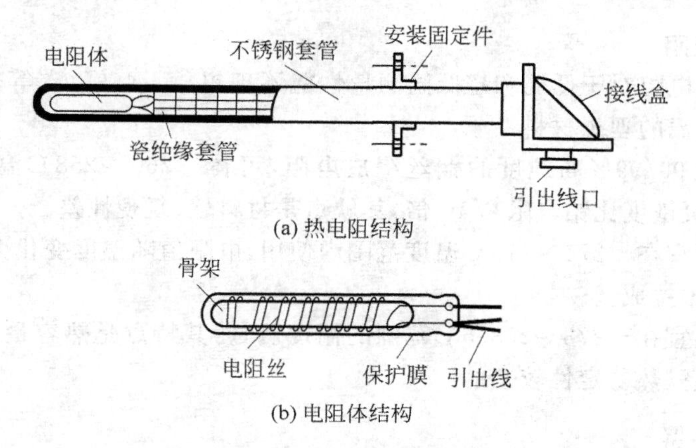

图 2.1 铂热电阻的结构

热电阻的结构形式可根据实际使用制作成各种形状，通常是将双线电阻丝绕在用石英、云母陶瓷和塑料等材料制成的骨架上，它们可以测量−200～500℃的温度。

2.1.2 常用热电阻传感器

1. 铂热电阻

由于铂热电阻物理、化学性能在高温和氧化性介质中很稳定，它能用作工业测温元件和作为温度标准。按国际温标规定，在−259.34～630.74℃温度内，以铂热电阻温度计作基准计。铂热电阻与温度的关系如下。

(1) 在 0～630.74℃为

$$R_t = R_0(1 + At + Bt^2) \tag{2.1}$$

(2) −190～0℃为

$$R_t = R_0[1 + At + Bt^2 + C(t - 100)t^3] \tag{2.2}$$

式中：R_0 为温度为 0℃时的电阻；t 为任意温度；A、B、C 为分度系数：$A = 3.940 \times 10^{-2}/℃$，$B = -5.84 \times 10^{-7}/℃^2$，$C = -4.22 \times 10^{-12}/℃^4$。

由式(2.1)和式(2.2)可见，要确定电阻 R_t 与温度 t 的关系，首先要确定 R_0 的数值，R_0 不同时，R_t 与 t 的关系也不同。在工业上，将相应于 $R_0 = 50\Omega$ 和 100Ω 的 R_t 与 t 关系制成分度表，称为热电阻分度表，供使用者查阅。Pt100 分度表见附录。

2. 铜热电阻

在测量精度不太高、测温范围不大的情况下，可以用铜热电阻代替铂热电阻，这样可以降低成本，同时也能达到精度要求。在−50～150℃的温度范围内，铜热电阻与温度呈线性关系，可用下式表示：

$$R_t = R_0(1+\alpha t) \tag{2.3}$$

式中：R_t 为温度为 t℃时的电阻值；R_0 为温度为 0℃时的电阻值；α 为铜热电阻温度系数，$\alpha=4.25\times10^{-3}/℃\sim4.28\times10^{-3}/℃$。

铜热电阻的缺点是电阻率较低，电阻体的体积较大，热惯性也较大，在 100℃以上易氧化，因此只能用于低温以及无侵蚀性的介质中。

3. 其他热电阻

上述两种热电阻对于低温和超低温测量性能不理想，而铟、锰、碳等热电阻材料却是测量低温和超低温的理想材料。

铟热电阻用 99.99%高纯度的铟丝绕成电阻，可在－269～258℃温度范围内使用。实验证明，它的灵敏度比铂电阻高 10 倍，其缺点是材料软、复现性差。

锰热电阻适宜在－271～210℃温度范围内使用，电阻值随温度变化大，灵敏度高。其缺点是材料脆、难拉成丝。

碳热电阻适宜在－273～268.5℃范围的温度测量，其特点是热容量小、价廉、灵敏度高、对磁场不敏感、热稳定性较差。

2.1.3 测量电路

在实际的温度测量中，常用电桥作热电阻的测量电路。由于热电阻的电阻值很小，所以导线电阻值不可忽视。例如 Pt100 的铂热电阻，若导线电阻为 1Ω，将会产生约 3℃的测量误差。

由于工业用的热电阻安装在生产现场，离控制室较远，那么热电阻的引出线会对测量结果有较大影响，且由于连接导线随环境温度变化而变化，也会给测量结果带来误差。为了减小引出线电阻的影响，常采用三线或四线连接方法。

1. 三线制

为了解决这一问题，在电阻体的一端连接两根引出线，另一端连接一根引出线，此种引出线方式称为三线制。图 2.2 所示为三线式电桥连接测量电路。图 2.2(a)中 R_t 为热电阻，r_1、r_2、r_3 为引线电阻；R_a、R_b 为两桥臂电阻，取 $R_a=R_b$；R_w 为调整电桥的精密电阻。调节 R_w 使 $r_1+R_w=r_3+R_t$，当测量仪表两端电压，即桥路输出电压相等时，电桥平衡，$R_w=R_t$，就可消除引线电阻的影响。

当热电阻和电桥配合使用时，这种引出线方式可以较好地消除引出线电阻的影响，提高测量精度。所以工业热电阻多半采用这种方法。

热电阻传感器的测量电路最常用的是电桥电路，若要求精度高，可采用自动电桥。

2. 四线制

在电阻体的两端各连接两根引出线称为四线制，如图 2.2(b)所示。这种引出线方式不仅消除了连接线电阻的影响，而且消除了测量电路中寄生电动势引起的误差，主要用于高精度的温度测量。

为了高精度地测量温度，可将电阻测量仪设计成如图 2.2(b)所示的四线式测量电路。图中，I 为恒流源，r_1、r_2、r_3、r_4 为热电阻，M 为电压表。假设流过电压表的电流为 I_V，因为电压表 M 内阻很大，因此 $I_V \approx 0$。

假设 Pt100 热电阻上的电势为 E_M，电压表上所测电压为 E。由 $E_M = E + I_V(r_2 + r_3)$，得

$$R_t = \frac{E}{I} = \frac{E_M - I_V(r_2 + r_3)}{I_M - I_V} \tag{2.4}$$

由于 $I_V \approx 0$，因此可知，引线电阻 r_1、r_2、r_3、r_4 将不引入测量误差。

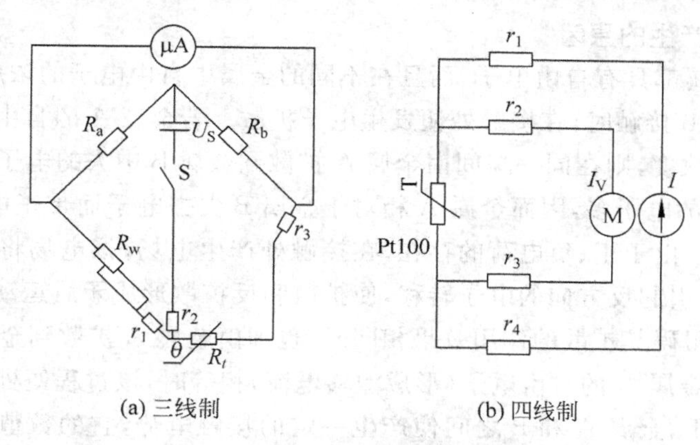

(a) 三线制　　(b) 四线制

图 2.2　热电阻测量电路

2.2　热电偶

热电偶(thermocouple)是温度测量仪表中常用的测温元件，它直接测量温度，并把温度信号转换成热电动势信号，通过电气仪表(二次仪表)转换成被测介质的温度。各种热电偶的外形常因需要而极不相同，但是它们的基本结构大致相同，通常由热电极、绝缘套保护管和接线盒等主要部分组成，与显示仪表、记录仪表及电子调节器配套使用。

热电偶在温度测量中也存在一些缺陷，如线性特性较差。虽然它们与 RTD、温度传感器 IC 相比可以测量更宽的温度范围，但线性度大打折扣。除此之外，RTD 和温度传感器 IC 可以提供更高的灵敏度和精度，可用于精确测量系统，热电偶信号电平很低，常常需要放大或高分辨率数据转换器进行处理。

2.2.1　热电效应

把两种不同的金属 A 和 B 连接成如图 2.3 所示的闭合回路。将两个结点中的一个进行加热，使其温度为 T，而另一点置于室温 T_0，则在回路中就有电流产生。如果在回路中接入电流计，就可以看到电流计的指针偏转，这一现象称为热电效应。在这种情况下产生电流的电动势叫作热电势，用 $E_{AB}(T,T_0)$来表示。通常把两种不同的金属的这种组合称为热电偶，A 和 B 称为热电极，温度高的结点称为热端(或称为工作端)。而温度低的结点称为冷端(或称为自由端)。利用热电偶把被测温度信号转变为热电势信号，用电测仪表测出电势大小，就可间接求得被测温度值。

通过理论分析知道，热电效应产生的热电势 $E_{AB}(T,T_0)$是由接触电势和温差电势两

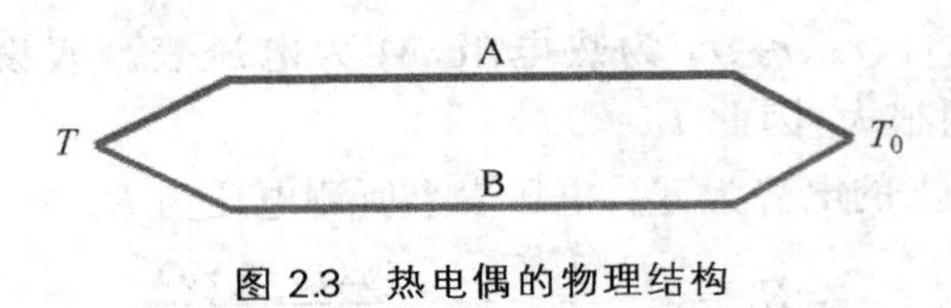

图 2.3 热电偶的物理结构

部分组成。

1. 接触电势产生的原因

内于所有金属都具有自由电子,而且在不同的金属中自由电子的浓度不同,因此当两种不同金属A和B接触时,在接触处便发生电子扩散。若金属A的自由电子浓度大于金属B的自由电子浓度,则在同一瞬间由金属A扩散到金属B中去的电子将比由金属B扩散到金属A中去的电子多,因而金属A相对于金属B失去电子而带正电荷,金属B获得电子而带负电荷。由于正、负电荷的存在,在接触处产生电场,该电场将阻碍扩散作用的进一步发生,同时引起反方向的电子转移,使扩散和反扩散形成矛盾运动。上述过程发展直至扩散作用与阻碍其扩散的作用效果相同时,也即由金属A扩散到金属B的自由电子与金属B扩散到金属A的自由电子(形成漂移电流)相等时,该过程便处于动态平衡。在这种动态平衡状下,金属A和B之间使产生一定的接触电势,它的数值取决于两种金属的性质和接触点的温度,而与金属的形状及尺寸无关。由物理学可知,该电势为

$$e_{AB}(T)=\frac{kT}{e}\ln\frac{N_A}{N_B} \tag{2.5}$$

式中:$e_{AB}(T)$为导体A、B结点在温度T时形成的接触电动势;e为单位电荷,$e=1.6\times10^{-19}$C;k为波尔兹曼常数,$k=1.38\times10^{-23}$J/K;N_A、N_B为导体A、B在温度为T时的电子密度。

2. 温差电势产生的原因

对于任何一种金属,当其两端温度不同时,两端的自由电子浓度也不同。温度高的一端浓度大,具有较大的动能;温度低的一端浓度小,动能也小。因此,高温端的电子要向低温端扩散,最后同样要达到动态平衡,高温端失去电子带正电荷,而低温端得到电子带负电荷,从而在两端形成温差电势,又称为汤姆森电势。

$$e_A(T,T_0)=\int_{T_0}^{T}\delta_A\mathrm{d}T \tag{2.6}$$

式中:$e_A(T,T_0)$为导体A两端温度为T、T_0时形成的温差电动势;T、T_0为高、低端的绝对温度;δ_A为汤姆森系数,表示导体A两端的温度差为1℃时所产生的温差电动势,例如在0℃时,铜的$\delta_A=2\mu$V/℃。

对于各种不同金属组成的热电偶,温度与热电势之间有着不同的函数关系。一直是用实验的方法来求取这个函数关系。

2.2.2 热电偶基本定律

(1) 只有由化学成分不同的两种导体材料组成的热电偶,其两端点间的温度不同时,才能产生热电势。热电势的大小与材料的性质及其两端点的温度有关,而与形状、大小

无关。

(2) 化学成分相同的材料组成的热电偶,即使两个结点的温度不同,回路的总热电势也等于零。应用这一定律可以判断两种金属是否相同。

(3) 化学成分不相同的两种材料组成的热电偶,若两个结点的温度相同,回路中的总热电势也等于零。

(4) 在热电偶中插入第三种材料,只要插入材料两端的温度相同,对热电偶的总热电势就没有影响。

这一定律具有特别重要的实际意义。因为利用热电偶测量温度时,必须在热电偶回路中接入电气测量仪表,也就相当于接入第三种材料,由此可知,热电偶回路总的热电势不会因为在其电路中的任意部分接入第三种两端温度相同的材料而改变。热电偶的这一特性,不但允许在其回路中接入电气测量仪表,而且允许采用任意的焊接方法来焊接热电偶。

但是,如果接入第三种材料的两端温度不等,热电偶回路的总热电势将会发生变化,其变化大小取决于材料的性质和结点的温度。因此,接入的第三种材料不宜采用与热电极的热电性质相差很远的材料;否则,一旦温度发生变化,热电偶的电势变化将会很大,从而影响测量精度。

(5) 如果两种导体分别与第三种导体组成的热电偶所产生的热电势已知,则此两种导体组成热电偶的热电势就已知。

2.2.3 热电偶的基本构造

工业测温用的热电偶如图 2.4 所示,其基本构造包括热电偶丝、绝缘管、保护管和接线盒等。

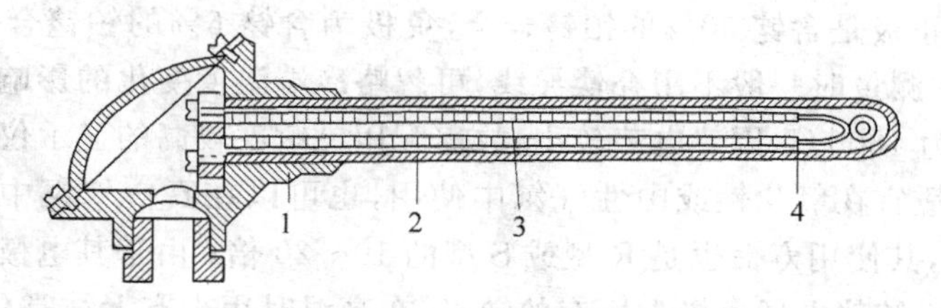

图 2.4 工业热电偶结构示意图

1—接线盒; 2—保护管; 3—绝缘管; 4—热电偶丝

(1) 热电偶丝。两段不同金属的一端焊在一起。

(2) 绝缘管。热电偶的工作端被牢固地焊接在一起,热电极之间需要用绝缘管保护。热电偶的绝缘材料很多,大体上可分为有机绝缘和无机绝缘两类,处于高温端的绝缘物必须采用无机物,通常在 1000℃以下选用粘土质绝缘管,在 1300℃以下选用高铝管,在 1600℃以下选用刚玉管。

(3) 保护管。保护管的作用在于使热电偶电极不直接与被测介质接触,它不仅可延长热电偶的使用寿命,还可起到支撑和固定热电极并增加其强度的作用,因此,热电偶保护管及绝缘管选择是否合适,将直接影响到热电偶的使用寿命和测量准确度,保护管的材料主要分金属和非金属两大类。

金属常用铝、铜、铜合金、碳钢、不锈钢、镍等高温合金材料，非金属材料有石英、高温陶瓷、氧化铝(镁)等，应根据热电偶类型、测温范围和使用条件选择套管材料。

(4) 接线盒。接线盒供热电偶和补偿导线连接之用。接线盒固定在热电偶保护管上，一般用铝合金制成，分为普通式和密刨式(防溅式)两类。

2.2.4 常用热电偶

常用热电偶分度号有 S、B、K、E、T、J 等，这些都是标准化热电偶。

1. 铂铑 10-铂热电偶(分度号为 S，也称为单铂铑热电偶)

该热电偶的正极成分为含铑 10%的铂铑合金，负极为纯铂。它的特点如下。

(1) 热电性能稳定、抗氧化性强、宜在氧化性气氛中连续使用、长期使用温度可达 1300℃，超达 1400℃时，即使在空气中，纯铂丝也将会再结晶，使晶粒粗大而断裂。

(2) 精度高，它在所有热电偶中，准确度等级最高，通常用作标准或测量较高的温度。

(3) 使用范围较广，均匀性及互换性好。

(4) 主要缺点有微分热电势较小，灵敏度较低；价格较贵，机械强度低，不适宜在还原性气氛或有金属蒸汽的条件下使用。

2. 铂铑 13-铂热电偶(分度号为 R，也称为单铂铑热电偶)

该热电偶的正极为含 13%的铂铑合金，负极为纯铂，同 S 型相比，它的电势率大 15%左右，其他性能几乎相同，该种热电偶在日本产业界，作为高温热电偶用得最多，而在国内则用得较少。

3. 铂铑 30-铂铑 6 热电偶(分度号为 B，也称为双铂铑热电偶)

该热电偶的正极是含铑 30%的铂铑合金，负极为含铑 6%的铂铑合金，在室温下，其热电势很小，故在测量时一般不用补偿导线，可忽略冷端温度变化的影响；长期使用温度为 1600℃，短期为 1800℃，因热电势较小，故需配用灵敏度较高的显示仪表。

B 型热电偶适宜在氧化性或中性气氛中使用，也可以在真空气氛中的短期使用；即使在还原气氛下，其使用寿命也是 R 型或 S 型的 10～20 倍；由于其电极均由铂铑合金制成，故不存在铂铑-铂热电偶负极上所有的缺点，在高温时很少有大结晶化的趋势，且具有较大的机械强度；同时由于它对于杂质的吸收或铑的迁移影响较少，因此经过长期使用后其热电势变化并不严重。缺点是价格昂贵(相对于单铂铑而言)。

4. 镍铬-镍硅(镍铝)热电偶(分度号为 K)

该热电偶的正极为含铬 10%的镍铬合金，负极为含硅 3%的镍硅合金(有些国家的产品负极为纯镍)。可测量 0～1300℃的介质温度，适宜在氧化性及惰性气体中连续使用，短期使用温度为 1200℃，长期使用温度为 1000℃，其热电势与温度的关系近似线性，价格便宜，是目前用量最大的热电偶。

K 型热电偶是抗氧化性较强的贱金属热电偶，不适宜在真空、含硫、含碳气氛及氧化还原交替的气氛下裸丝使用；当氧分压较低时，镍铬极中的铬将优先氧化，使热电势发生很大变化，但金属气体对其影响较小，因此，多采用金属制保护管。

K 型热电偶的缺点如下。

(1) 热电势的高温稳定性较 N 型热电偶及贵重金属热电偶差，在较高温度下(例如超过 1000℃)往往因氧化而损坏。

(2) 在 250～500℃范围内短期热循环稳定性不好，即在同一温度点，在升温、降温过程中，其热电势示值不一样，其差值可达 2～3℃。

(3) 负极在 150～200℃范围内要发生磁性转变，致使在室温至 230℃范围内分度值往往偏离分度表，尤其是在磁场中使用时，往往出现与时间无关的热电势干扰。

(4) 长期处于强辐射环境下，由于负极中的锰(Mn)、钴(Co)等元素发生蜕变，使其稳定性欠佳，致使热电势发生较大变化。

5. 镍铬硅-镍硅热电偶(分度号为 N)

该热电偶的主要特点是：在 1300℃以下调温抗氧化能力强，长期稳定性及短期热循环复现性好，耐核辐射及耐低温性能好，另外，在 400～1300℃范围内，N 型热电偶的热电特性的线性比 K 型热电偶要好；但在低温范围内(－200～400℃)的非线性误差较大，同时，材料较硬难以加工。

6. 铜-铜镍(康铜)热电偶(分度号为 T)

T 型热电偶的正极为纯铜，负极为铜镍合金(也称康铜)，其主要特点是：在贱金属热电偶中，它的准确度最高、热电极的均匀性好；它的使用温度是－200～350℃，因铜热电极易氧化，并且氧化膜易脱落，故在氧化性气氛中使用时，一般不能超过 300℃，在－200～300℃范围内，它们灵敏度比较高，铜-康铜热电偶是常用几种定型产品中最便宜的一种。

7. 铁-康铜热电偶(分度号为 J)

J 型热电偶的正极为纯铁，负极为康铜(铜镍合金)，具特点是价格便宜，适用于真空氧化的还原或惰性气氛中，温度范围为－200～800℃，但常用温度只是 500℃以下，因为超过这个温度后，铁热电极的氧化速率加快，如采用粗线径的丝材，还可在高温中使用且有较长的寿命；该热电偶能耐氢气(H_2)及一氧化碳(CO)气体腐蚀，但不能在高温(例如 500℃)含硫(S)的气氛中使用。

8. 镍铬-铜镍(康铜)热电偶(分度号为 E)

E 型热电偶是一种较新的产品，它的正极是镍铬合金，负极是铜镍合金(康铜)，其最大特点是在常用的热电偶中，热电势最大，即灵敏度最高；它的应用范围虽不及 K 型热电偶广泛，但在要求灵敏度高、热导率低、可容许大电阻的条件下，常常被选用；使用中的限制条件与 K 型相同，但对于含有较高湿度气氛的腐蚀不很敏感。

除了以上 8 种常用的热电偶外，作为非标准化的热电偶还有钨铼热电偶、铂铑系热电偶、铱锗系热电偶、铂钼系热电偶和非金属材料热电偶等。

2.2.5 热电偶冷端补偿方式

在温度测量中，大多使用各种等级的热电偶作为温度传感器，但是，热电偶电路中最大的问题是冷端的问题，即如何选择测温的参考点。常采用的冷端补偿方式有三种。

1. 冰水保温瓶方式(冰点器方式)

将热电偶的冷端置于冰水保温瓶中，获取热电偶冷端的参考温度。把热电偶的参比端置于冰水混合物容器里，使 $T_0=0℃$。如图 2.5 所示。这种办法仅限于科学实验中使用。为了避免冰水导电引起两个连接点短路，必须把连接点分别置于两个玻璃试管里，浸入同一冰点槽，使其相互绝缘。

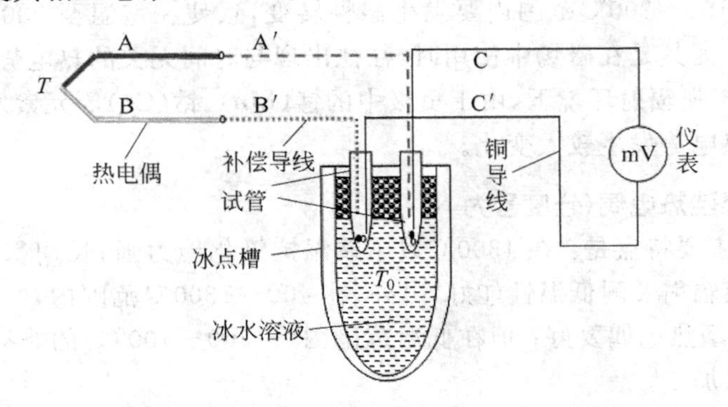

图 2.5 冰水保温瓶方式

2. 恒温槽方式

将冷端置于恒温槽中，如恒定温度为 T_0℃，则冷端的误差 Δ 为

$$\Delta = E_1(T,T_0) - E_1(T,0) = -E_1(T_0,0) \tag{2.7}$$

式中：T 为被测温度。由式可见，虽然 $\Delta\neq0$，但是一个定值。只要在回路中加入相应的修正电压或调整指示装置的起始位置，即可达到完全补偿的目的。常用的恒温温度为 50℃和 0℃。

3. 冷端自动补偿方式

工业上，常采用冷端自动补偿法。冷端自动补偿法是在热电偶和测量仪表间接入一个直流不平衡电桥，也称为冷端温度补偿器，如图 2.6 所示。当热电偶自由端温度升高，导致回路总电势降低时，补偿器感受到自由端的变化，产生一个电位差，其值正好等于热电偶降低的电势，两者互相抵消以达到自动补偿的目的。

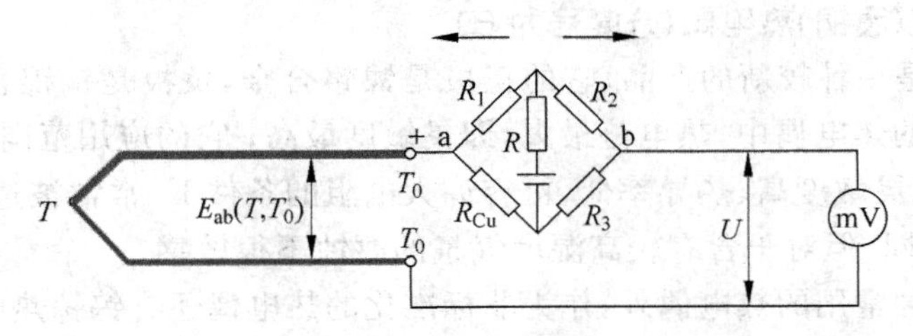

图 2.6 冷端自动补偿方式

利用不平衡电桥产生热电势补偿热电偶因冷端温度变化而引起的热电势变化值。不平衡电桥由 R_1、R_2、R_3（锰铜丝绕制）、R_{Cu}（铜丝绕制）四个桥臂和桥路电源组成。

设计时，在 0℃下使电桥平衡（$R_1=R_2=R_3=R_{Cu}$），此时 $U_{ab}=0$，电桥对仪表读数无影响。

注意：(1) 由于电桥是在20℃平衡，所以此时应把仪表的机械零位调整到20℃处，不同型号的冷端补偿器应与所用的热电偶配套。

(2) 不同材质的热电偶所配的冷端补偿器，其中的限流电阻 R 不一样，互换时必须重新调整。

2.2.6 热电偶实用测量电路

1. 测量单点温度的基本测温线路

这种测温线路如图2.7所示。图中，A、B为热电偶，C、D为补偿导线，冷端温度为 T_0（实际使用时，可把补偿导线一直延伸到配用仪表的接线端子，这时冷端温度即为仪表接线端子所处的环境温度），M为所配用的毫伏计或者数字仪表。如果采用数字仪表测量热电势，必须加适当的输入放大电路。

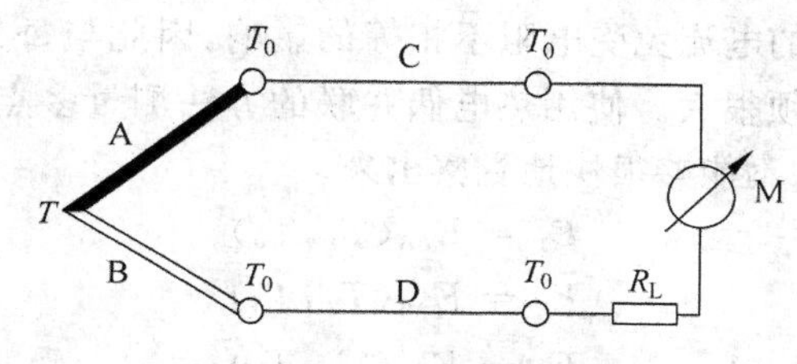

图2.7 基本测量线路

这时回路中总热电势为 $E_{AB}(T,T_0)$。流过测温毫伏计的电流为

$$I=\frac{E_{AB}(T,T_0)}{R_Z+R_C+R_M} \tag{2.8}$$

式中：R_Z 为热电偶电阻；R_C 为铜导线、补偿导线、平衡电阻的总和；R_M 为表头电阻。

2. 测量两点之间温差的测温线路

这种测温线路如图2.8所示。这是测量两个温度 T_2、T_1 的一种实用线路，同型号的热电偶配用相同的补偿导线，连接的方法应使各自产生的热电势互相抵消即可。证明如下。

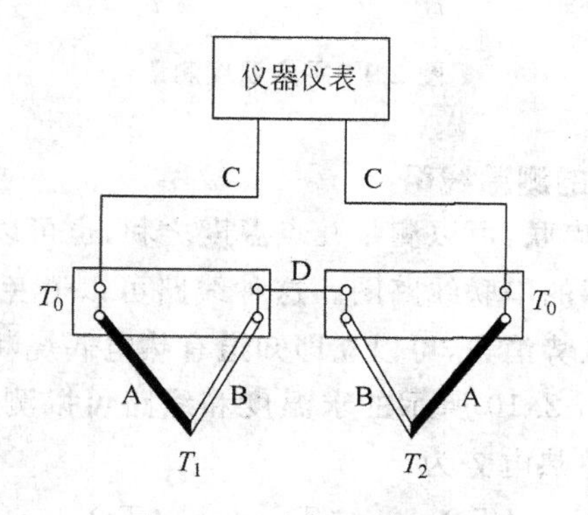

图2.8 两点间温差测量

回路内的总电势为

$$E_T = e_{AB}(T_1) + e_{BD}(T_0) + e_{DB}(T'_0) + e_{BA}(T_2) + e_{AC}(T'_0) + e_{CA}(T_0) \quad (2.9)$$

因为C、D为补偿导线，其热电性质分别与A、B材料性质相同，所以可认为$e_{BD}(T_0)=0$，类似的有$e_{DB}(T'_0)=0$，$e_{AC}(T'_0)=0$，$e_{CA}(T_0)=0$。

所以

$$E_T = e_{AB}(T_1) + e_{BA}(T_2) = e_{AB}(T_1) - e_{AB}(T_2) \quad (2.10)$$

如果连接导线用普通铜导线，则必须保证两热电偶的冷端温度相等，否则测量结果是不正确的。

3. 测量平均温度的测温线路

测量平均温度的方法通常用几只型号的热电偶并联在一起，如图2.9所示。要求三只热电偶都工作在线性段。测量仪表指示的为三只热电偶输出电势的平均值。在每只热电偶线路中，分别串接均衡电阻R_1、R_2和R_3，其作用是为了在T_1、T_2、T_3不相等时，使每只热电偶的线路中流过的电流免受电阻不相等的影响，因此与每只热电偶的电阻变化相比，R_1、R_2、R_3的阻值必须很大。使用热电偶并联的方法测量多点的平均温度，其缺点是当有一只热电偶烧断时，不能够很快地觉察出来。

$$E_1 = E_{AB}(T_1, T_0) \quad (2.11)$$

$$E_2 = E_{AB}(T_2, T_0) \quad (2.12)$$

$$E_3 = E_{AB}(T_3, T_0) \quad (2.13)$$

此回路中总的热电势为

$$E_T = (E_1 + E_2 + E_3)/3 \quad (2.14)$$

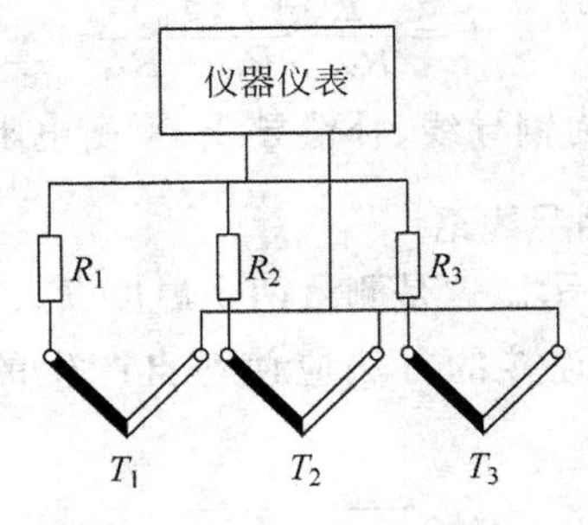

图2.9 平均温度测量

4. 测量几点温度之和的测温线路

利用同类型的热电偶串联，可以测量几点温度之和，也可以测量几点的平均温度。

图2.10是几个热电偶的串联线路图。这种线路可以避免并联线路的缺点。当有一只热电偶烧断时，总的热电势消失，可以立即知道有热电偶烧断。同时由于总热电势为各热电偶热电势之和，因此图2.10所示的求温度和线路可以测量微小的温度变化。图中C、D为补偿导线，回路的总热电势为

$$E_T = e_{AB}(T_1) + e_{DC}(T_0) + e_{AB}(T_2) + e_{DC}(T_0) + e_{AB}(T_3) + e_{DC}(T_0) \quad (2.15)$$

因为A、B为补偿导线，其热电性质相同，即

$$e_{DC}(T_0) = e_{BA}(T_0) = -e_{AB}(T_0) \tag{2.16}$$

将式(2.16)代入式(2.15),得

$$\begin{aligned} E_T &= e_{AB}(T_1) - e_{AB}(T_0) + e_{AB}(T_2) - e_{AB}(T_0) + e_{AB}(T_3) - e_{AB}(T_0) \\ &= E_{AB}(T_1, T_0) + E_{AB}(T_2, T_0) + E_{AB}(T_3, T_0) \end{aligned} \tag{2.17}$$

即回路的总热电势为各热电偶的热电势之和。

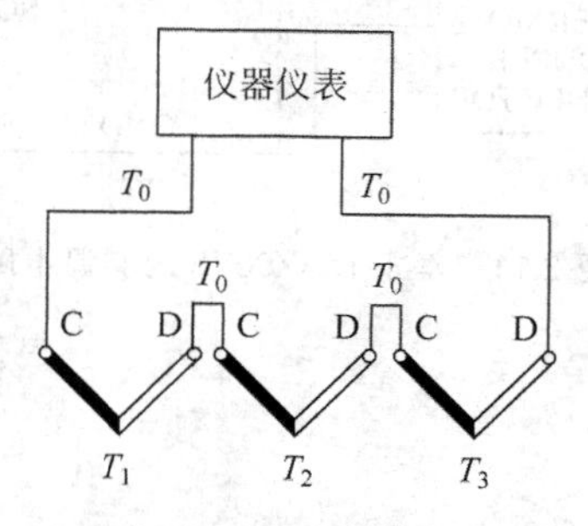

图 2.10 温度之和测量电路

在辐射高温计中的热电堆就是根据这个原理,由几个同类型的热电偶串联而成。

5. 若干只热电偶共用一台仪表的测量线路

在多点温度测量时,为了节省显示仪表,将若干只热电偶通过模拟式切换开关共用一台测量仪表,常用的测量线路条件是:每只热电偶的型号相同,测量范围均在显示仪表的量程内。

在现场,如果大量测量点不需要连续测量,而只需要定时检测时,就可以把若干只热电偶通过手动或自动切换开关接至一台测量仪表上,轮流或按要求显示各测量点的被测数值。切换开关的触点有十几对到数百对,这样可以大量节省显示仪表数目,也可以减小仪表箱的尺寸,达到多点温度自动检测的目的。常用的切换开关有密封微型精密继电器和电子模拟开关。常用的电子切换开关 AD7501、AD7503 等,它们适用于快速测量。

6. 与单片机的接口

该类测量方法是将热电偶与现代芯片相结合,直接输出数字信号,可以与微处理器直接接口。

MAX6675 可以进行热电偶冷端补偿和数字化 K 型热电偶信号,输出 12 位分辨率、SPI 兼容、只读的数据。转换器的精度为 0.25℃,最高可读 1024℃。

MAX6675 的 12 位 ADC 带有温度检测二极管,它将环境温度转换成电压量,IC 通过处理热电偶电压和二极管的检测电压,计算出补偿后的热端温度。数字输出是对热电偶测试温度进行补偿后的结果,在 0～+700°C 温度范围内,器件温度误差保持在±9LSB 以内。基于 MAX6675 的测温电路如图 2.11 所示。虽然该器件的测温范围较宽,但它不能测量 0°C 以下的温度。

MAX7705 是更高精度的测量芯片。图 2.12 中,16 位 $\sum$-ΔADC 将低电平热电偶电压转换成 16 位串行数据输出。集成可编程增益放大器有助于改善 ADC 的分辨率,这对于处理热电偶小信号输出非常必要。温度检测 IC 靠近热电偶安装,用于测量冷端附近的温度。这种方法假设 IC 温度近似等于冷端温度。冷端温度传感器输出由 ADC 的通

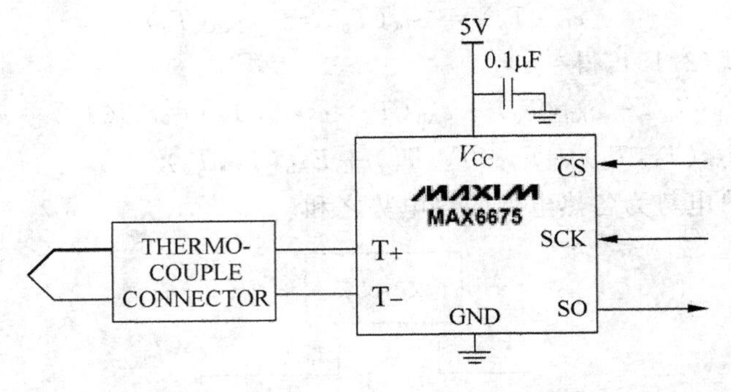

图 2.11　基于 MAX6675 的测温电路

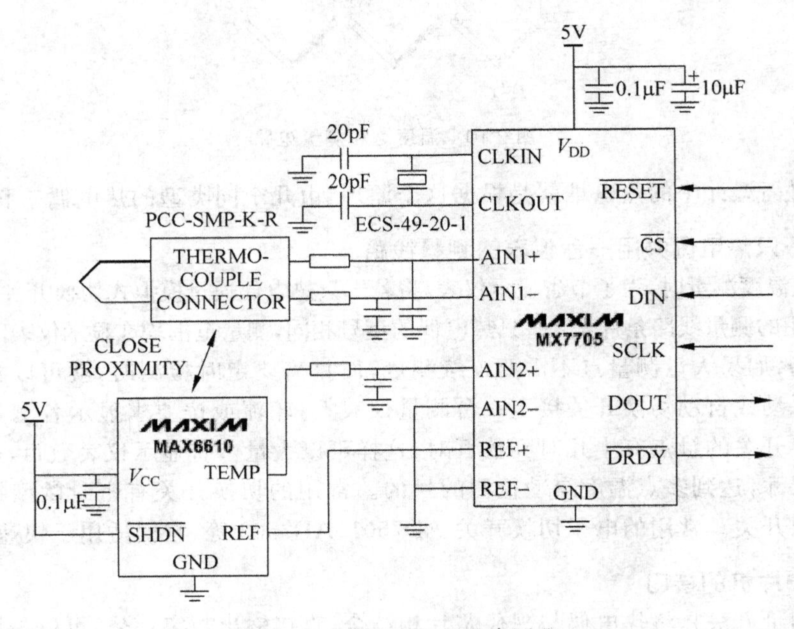

图 2.12　MAX7705 的温度测量

道 2 进行数字转换。温度传感器内部的 2.56V 基准电压节省了一个外部电压基准 IC。温度检测 IC 靠近热电偶接点(冷端)放置,热电偶和冷端温度传感器输出电压由 16 位 MAX7705 转换。

工作在双极性模式时,ADC 可以转换热电偶的正信号和负信号,并在通道 1 输出。ADC 的通道 2 将 MAX6610 的单端输出电压转换成数字信号,提供给微控制器。温度检测 IC 的输出电压与冷端温度成正比。ADC 的通道 1 将热电偶电压转换成数字输出,通道 2 没有使用,输入直接接地。外部 2.5V 基准 IC 为 ADC 提供基准电压。

为了确定热端温度,需首先确定冷端温度,然后通过热电偶查找表将冷端温度转换成对应的热电电压。将此电压与经过 PGA 增益校准的热电偶读数相加,再通过查找表将求和结果转换成温度,所得结果即为热端温度。列出了温度测量结果,冷端温度变化范围为−40～+85°C。

2.3 半导体测温

集成温度传感器是利用晶体管 PN 结的电流和电压特性与温度的关系，把敏感元件、放大电路和补偿电路等部分集成化，并把它们封装在同一壳体里的一种一体化温度检测元件。它除了与半导体热敏电阻一样具有体积小、反应快的优点外，还有线性好、性能高、价格低、抗干扰能力强等特点。

虽然由于 PN 结受耐热性能和特性范围的限制，只能用来测量 150℃以下的温度，但仍在许多领域得到了广泛应用。目前集成温度传感器主要分为三大类：①电压型集成温度传感器；②电流型集成温度传感器；③数字输出型集成温度传感器。

电压型集成温度传感器是将温度传感器基准电压、缓冲放大器集成在同一芯片上，制成一个两端器件。因器件有放大器，故输出电压高，线性输出为 10mV/℃；另外，由于其具有输出阻抗低的特性，抗干扰能力强，故不适合长线传输。这类集成温度传感器特别适合于工业现场测量。

电流型集成温度传感器是把线性集成电路和与之相容的薄膜工艺元件集成在一块芯片上，再通过激光修版微加工技术，制造出性能优良的测温传感器。这种传感器的输出电流正比于热力学温度，即 1μA/K。因电流型输出恒流，所以传感器具有高输出阻抗，其值可达 10MΩ，这为远距离传输深井测温提供了一种新型器件。

2.3.1 DS18B20 数字式温度传感器

DS18B20 是 DALLAS 公司生产的一线式数字温度传感器，具有 3 引脚 TO-92 小体积封装形式；温度测量范围为－55～＋125℃，可编程为 9～12 位 A/D 转换精度，测温分辨率可达 0.0625℃，被测温度用符号扩展的 16 位数字量方式串行输出；其工作电源既可在远端引入，也可采用寄生电源方式产生；多个 DS18B20 可以并联到 3 根或 2 根线上，CPU 只需一根端口线就能与诸多 DS18B20 通信，占用微处理器的端口较少，可节省大量的引线和逻辑电路。以上特点使 DS18B20 非常适用于远距离多点温度检测系统。

1) DS18B20 的内部结构

DS18B20 内部结构如图 2.13 所示，主要由 4 部分组成：64 位 ROM、温度传感器、非挥发的温度报警触发器 TH 和 TL、配置寄存器。DS18B20 的引脚排列如图 2.14 所示，DQ 为数字信号输入/输出端；GND 为电源地；V_{DD}为外接供电电源输入端(在寄生电源接线方式时接地)。

ROM 中的 64 位序列号是出厂前被光刻好的，它可以看作是该 DS18B20 的地址序列码，每个 DS18B20 的 64 位序列号均不相同，使每一个 DS18B20 都各不相同，这样就可以实现一根总线上挂接多个 DS18B20 的目的。

2) DS18B20 的温度输出

主机首先发出一个 480～960μs 的低电平脉冲，然后释放总线变为高电平，并在随后的 480μs 内对总线进行检测。如果有低电平出现，说明总线上有器件已做出应答；若无

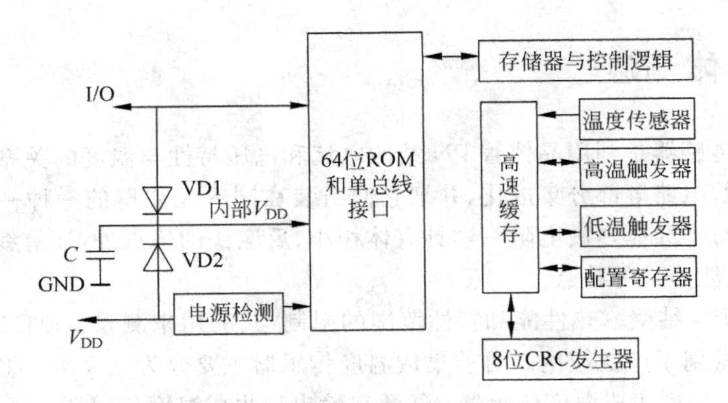

图 2.13　DS18B20 的内部结构

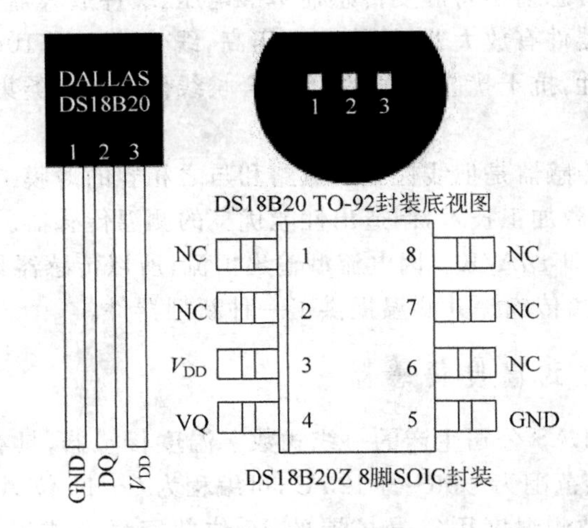

图 2.14　封装图

低电平出现，一直都是高电平，说明总线上无器件应答。

DS18B20 作为从机，一上电就一直在检测总线上是否有 480～960μs 的低电平出现，如果有，在总线转为高电平后等待 15～60μs 将总线电平拉低，60～240μs 做出响应存在脉冲，告诉主机本机已做好准备。若没有检测到就一直检测等待。

写周期最少为 60μs，最长不超过 120μs。写周期一开始，主机先把总线拉低 1μs 表示写周期开始。随后若主机想写 0，则继续拉低电平最少 60μs 直至写周期结束，然后释放总线为高电平。若主机想写 1，在一开始拉低总线电平 1μs 后就释放总线为高电平，一直到写周期结束。而作为从机的 DS18B20 则在检测到总线被拉底后等待 15μs，然后在 15～45μs 对总线采样，在采样期内总线为高电平则为 1，若采样期内总线为低电平则为 0。

读数据操作时序分为读 0 时序和读 1 时序两个过程。读时序是主机把总线拉低，在 1μs 之后释放单总线为高电平，以使 DS18B20 把数据传输到单总线上。DS18B20 在检测到总线被拉低 1μs 后，便开始送出数据。若要送出 0，就把总线拉为低电平直到读周期结束；若要送出 1，则释放总线为高电平。主机在包括前面的拉低总线电平 1μs 在内的

15μs 时间内完成对总线的采样检测，采样期内总线为低电平则确认为 0，采样期内总线为高电平则确认为 1。完成一个读时序过程至少需要 60μs。

3) DS18B20 的测温电路

DS18B20 三点测温原理图如图 2.15 所示。

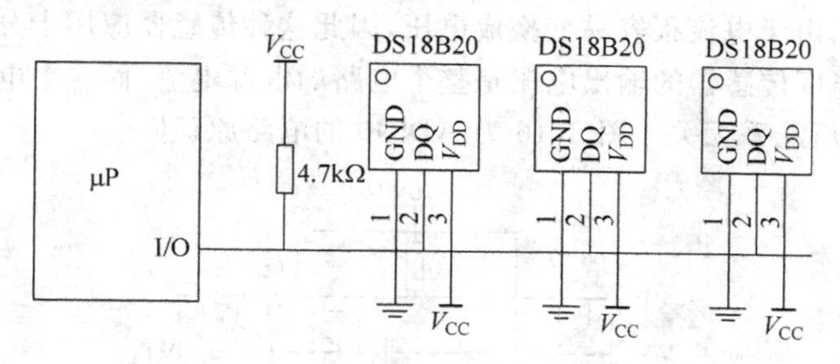

图 2.15 DS18B20 三点测温原理图

图中，由于三个 DS18B20 挂接在同一根数据线上，因此需要微处理器先读取每个 DS18B20 的唯一器件编码(ROM 中的唯一地址编码)，然后通过呼叫地址方式，逐一通信，测量三点温度。

4) DS18B20 的使用注意事项

(1) 较小的硬件开销需要相对复杂的软件进行补偿，由于 DS18B20 与微处理器间采用串行数据传送，因此，在对 DS18B20 进行读、写编程时，必须严格保证读、写时序，否则将无法读取测温结果。在使用高级语言(如 C 语言等)进行系统程序设计时，对 DS18B20 操作部分最好采用汇编语言实现。

(2) 在 DS18B20 的有关资料中均未提及单总线上所挂 DS18B20 的数量问题，容易使人误认为可以挂任意多个 DS18B20，在实际应用中并非如此。当单总线上所挂 DS18B20 超过 8 个时，就需要解决微处理器的总线驱动问题，这一点在进行多点测温系统设计时要加以注意。

(3) 连接 DS18B20 的总线电缆是有长度限制的。试验中，当采用普通信号电缆传输长度超过 50m 时，读取的测温数据将发生错误。当将总线电缆改为双绞线带屏蔽电缆时，正常通信距离可达 150m，当采用每米绞合次数更多的双绞线带屏蔽电缆时，正常通信距离进一步加长。这种情况主要是由总线分布电容使信号波形产生畸变造成的。因此，在用 DS18B20 进行长距离测温系统设计时要充分考虑总线分布电容和阻抗匹配问题。

(4) 在 DS18B20 测温程序设计中，向 DS18B20 发出温度转换命令后，程序总要等待 DS18B20 的返回信号，一旦某个 DS18B20 接触不好或断线，当程序读该 DS18B20 时，将没有返回信号，程序进入死循环。这一点在进行 DS18B20 硬件连接和软件设计时也要给予重视。测温电缆线建议采用屏蔽 4 芯双绞线，其中一对线接地线与信号线，另一对线接 V_{CC} 和地线，屏蔽层在电源端单点接地。

2.3.2 集成模拟式温度传感器

1. 电流型集成温度传感器 AD590

AD590 属于电流型集成温度传感器，电流型集成温度传感器是一个输出电流与温度成比例的电流源，由于电流很容易变换成电压，因此这种传感器应用十分方便。要指出的是 AD590 集成温度传感器的输出电流是整个电路的电源电流，而这个电流与施加在这个电路上的电源电压几乎无关。图 2.16 为 AD590 的电路原理图。

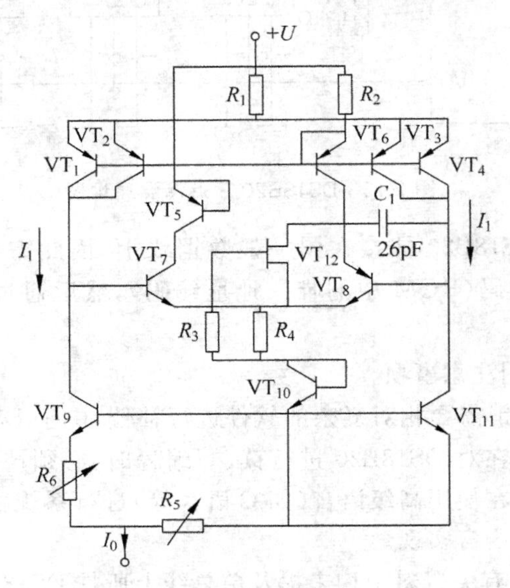

图 2.16 AD590 内部电路

图 2.16 中，VT_1、VT_2、VT_3、VT_4 的发射极都连接到 R_1 上，VT_6 的发射极则接到 R_2 上，因而使得流过 VT_1～VT_4 的总电流与流过 VT_6 的电流之比更符合 4∶1，克服了因 VT_6 集电极电位不同而引起的误差。VT_5 的作用是与 VT_6 对称以平衡 VT_7 和 VT_8 的集电极电压，减小 VT_7、VT_8 基区调制效应引起的误差。另外，VT_5 还有保护器件的作用，如没有 VT_5 管，假如电源极性接反，就会有大电流流过而烧毁器件。VT_{12} 实际上是一个高值的外延层电阻，以保证电路在接上电源时可靠启动，电容 C_1 及电阻 R_3、R_4 的作用是防止寄生电势产生。应当注意的是，VT_{10} 及 VT_{11} 的发射极下接有电阻 R_5，可写出

$$U_{be9} + I_1 R_6 = U_{be11} + 2I_1 R_5 \tag{2.18}$$

式中：U_{be9} 和 U_{be11} 分别为 VT_9 和 VT_{11} 的 be 结电压。

同样，可写出 AD590 输出的电流值 I_0 为

$$I_0 = \frac{3K\ln N}{q(R_6 - 2R_5)}T \tag{2.19}$$

式中：K 为玻尔兹曼常数；q 为电子电量；T 为热力学温标；N 为 AD590 物理结构常数。

由式 2.16 可知，R_6 和 R_5 对 I_0 的调节作用相反，增加 R_6 使 I_0 减小，而增大 R_5 使 I_0 增大。

AD590 的输出电流值说明如下：其输出电流是以绝对温度零度（-273℃）为基准，每增加 1℃，它会增加 1μA 输出电流，因此在室温 25℃时，其输出电流 $I_{out}=273+25=298(\mu A)$。

2. AD590 的应用

1）温度测量

图 2.17 是应用 AD590 测量绝对温度最简单的例子，如果 $R=1k\Omega$，则每毫伏对应的温度为 1℃。

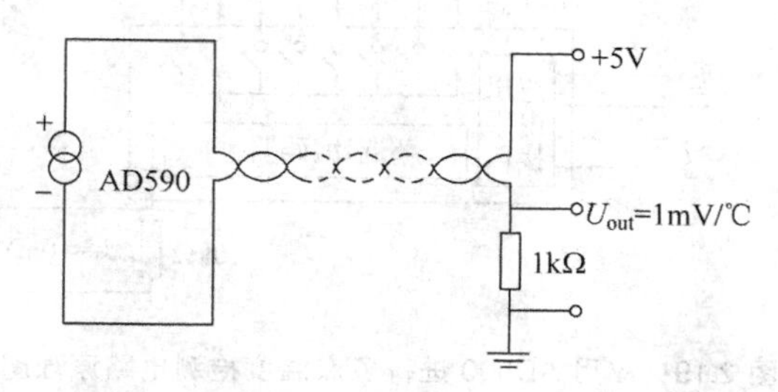

图 2.17 AD590 温度测量

2）温度控制

图 2.18 是将 AD590 应用于温度控制的例子。电压基准 ICL8069 输出一个基准电压 1.23V，然后供给三个电阻组成的可调电压基准，输入比较器的反向端 U_-。根据图 2.17 可知，AD590 通过电阻 R 输出一个与温度成线性的电压，输入比较器 LM311 的同相端 U_+。

当温度升高后，该输出电压升高。比较器 LM311 的 $U_+>U_-$，比较器输出为正，于是加热元件启动，开始加热。

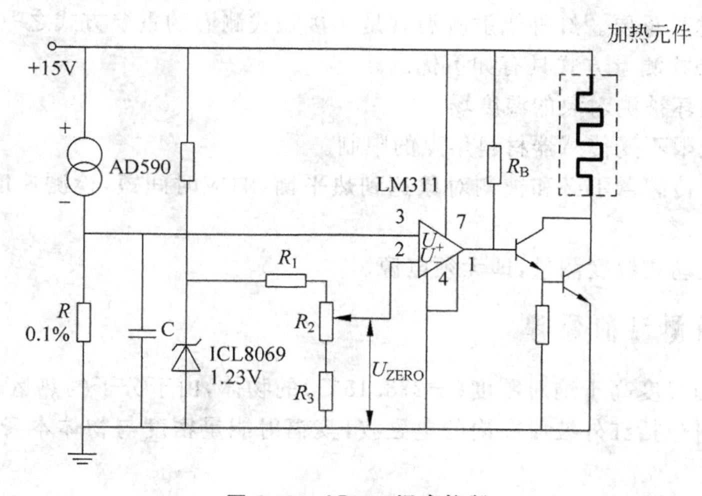

图 2.18 AD590 温度控制

3）多点温度测量

图 2.19 是应用 AD590 进行多点温度检测电路原理图。

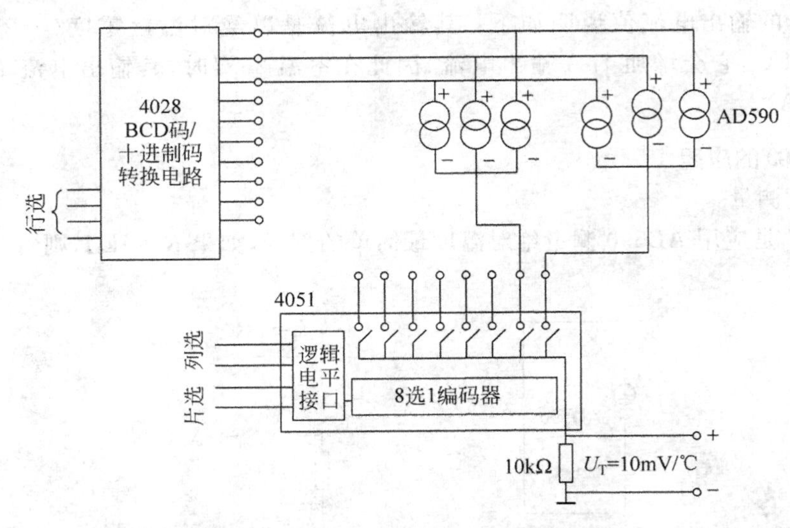

图 2.19 应用 AD590 进行多点温度检测电路原理图

显然，AD590 被接成矩阵方式。这个电路很容易与计算机配合形成多点自动巡回检测系统，因为 AD590 输出为电流，所以 CMOS 模拟开关的电阻对测量准确度几乎没有影响。

2.4 红外辐射测温

前述的测温方式属于接触式测温，但是很多场合下，温度传感器无法与被测对象长时间接触，比如钢水测温；或者需要快速测量，比如“非典”时期交通部门的安检，这样非接触测温就显得尤其重要。红外辐射测温就是非接触式测温的重要方式之一。

红外非接触式测量方式具有如下优点。

(1) 不会破坏被测对象的温度场。

(2) 测温上限不受传感器材料熔点的限制。

(3) 检测时传感器不必和被测对象达到热平衡，响应时间短，检测速度快，适于快速测温。

(4) 属于被动式温度测量，即无须电源。

2.4.1 红外线测温的原理

自然界一切温度高于绝对零度(−273.15℃)的物体，由于分子的热运动，都在不停地向周围空间辐射包括红外波段在内的电磁波，其辐射能量密度与物体本身的温度关系符合辐射定律。

波长涉及紫外光区、可见光区、红外光区，但主要处于 0.8～15μm 的红外区内，红外辐射波段与波长对应关系见表 2.1。物体红外辐射能量的大小按其波长的分布与它表面温度有着十分密切的关系。因此，通过对物体自身辐射的红外能量进行测量，便能准确测定它的表面温度。

表 2.1 红外辐射波段与波长

波段	波长范围/μm	常用简称
近红外	0.76～3	短波红外
中红外	3～6	中波红外
远红外	6～15	长波红外
极远红外	15～1000	超长波红外

人体主要辐射波长在 9～10m 的红外线，通过对人体自身辐射红外能量的测量，便能准确测定人体表面温度。由于该波长范围内的光线不被空气吸收，因而可利用人体辐射的红外能量精确地测量人体表面温度。

根据斯蒂芬-玻尔兹曼公式，绝对温度为 T 的物体，辐射出射度（单位面积辐射的总能量）$M(T)$为

$$M(T)=\varepsilon\delta T^4 \tag{2.20}$$

式中：M 为辐射出射度，W/m^2；δ 为斯蒂芬-波尔兹曼常数，$5.67\times10^{-8}\,W/(m^2\cdot K^4)$；$\varepsilon$ 为物体的辐射率；T 为物体的温度，K。

式(2.20)说明，同一材料的物体由同一表面所辐射的能量与其绝对温度的四次方成正比。

能够吸收所有波长的辐射能量，同时没有能量的反射和透过，这样的物体称为黑体，其表面发射率为 1，自然界中存在的实际物体，几乎都不具备黑体的条件。只有知道了材料的辐射率，才能知道物体的红外辐射特性。影响发射率的主要因素有材料的种类、表面粗糙程度、理化结构和材料的厚度等。在自然界中，ε 一般取值为 0～1。

被测物体所处的环境对测量的结果有很大影响。设被测目标的温度为 T_1，环境温度为 T_2，则该目标单位表面发射的辐射能为 $\varepsilon\delta T_1^4$；相应地，被它所吸收辐射能为 $\varepsilon\delta T_2^4$，则该物体发出的净辐射能 M 为

$$M=\delta\varepsilon(T^4-T_0^4) \tag{2.21}$$

式中：T_0 为物体周围的环境温度，K。

测量出式(2.21)中的辐射度，就可测出目标对象温度。利用这个原理制成的温度测量仪表叫作红外温度仪表。红外温度仪表测温范围很宽，从－50℃直至高于 3000℃。在不同的温度范围，对象发出的电磁波能量的波长分布不同，在常温（0～100℃）范围，能量主要集中在中红外波长和远红外波长。

2.4.2 红外测温的电路

红外测温电路如图 2.20 所示。原理如下：当处于某一背景的被测物体辐射的能量通过大气媒介传输到红外测温仪上时，内部的光学系统将目标辐射的能量汇聚到探测器（传感器），并转换成电信号，再通过放大电路、补偿电路及线性处理后，在显示终端显示被测物体的温度。

在图 2.20 中，对于具有对输入信号有微分特性的传感器，即要求输入信号随时变化，则需要切光电机（调制电机）将输入的直流信号变为交流信号。

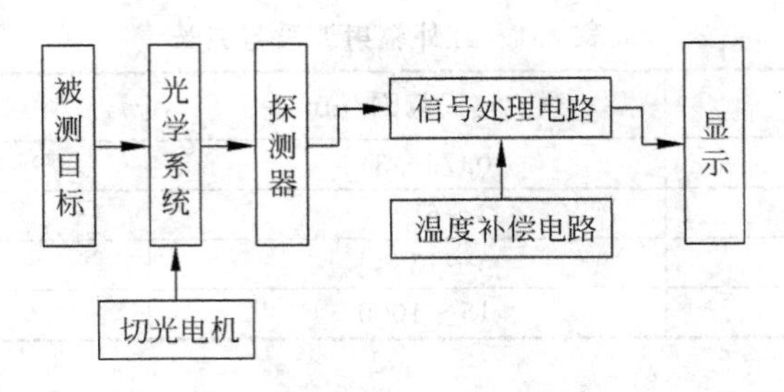

图 2.20 红外测控电路

本章小结

本章主要讲解温度的各种测量方法。

热电阻的输出电阻和温度有关，测量范围相对较宽，线性度较好，价格较低。常见的有 Pt 和 Cu 系列。它们都采用三线制测量方法。

热电偶的输出电势与温度有关，测量范围宽，价格高，线性度一般较差。需要进行冷端温度补偿。

电子式测温一般在 150℃以下，通过电子器件来实现。常见的有 DS18B20 数字式电子元件；也有模拟式的 AD590 等电子元件。前者易于与微处理器接口，后者则通常具有很高精度。

辐射测温是非接触式测温，原理是物体在特定温度下，都会发射特定波长的电磁波。通过检测电磁波的波长，获取待测对象温度。

思考题与习题

1. 热电偶测温与热电阻测温有什么不同？（可从原理、系统组成和应用场合三方面来考虑）

2. 将一灵敏度为 0.08mV/℃的热电偶与电压表相连接，电压表接线端是 50℃，若电位计上读数是 60mV，热电偶的热端温度是多少？

3. 参考电极定律与中间导体定律的内在联系是什么？参考电极定律的实用价值如何？

4. 为什么热电偶的参比端在实用中很重要？对参比端温度处理有哪些方法？

5. 欲测量为 200℃且变化迅速的温度应选择何种传感器？测量 2000℃的高温又应选择何种传感器？

6. 热电偶测量温度时，为什么要进行温度补偿？补偿的方法有几种？

7. 使用热电阻测温时，为什么要采用三线制接法？

8. 设计一个基于 AD590 的多点测温系统。

CHAPTER 3

第3章 压力检测

压力是指发生在两个物体接触表面的作用力，或者是气体对于固体和液体表面的垂直作用力，或者是液体对于固体表面的垂直作用力。

在生产中，要检测气压、水压等，保证安全生产和提高产品质量；在生活中，要检测货物的质量，以便进行贸易结算。

本章重点阐述压力的检测方法。

3.1 电容式传感器

3.1.1 电容式传感器简介

电容式传感器是将被测量的变化转换为电容量变化的一种装置，它本身就是一种可变电容器。由于这种传感器具有结构简单、体积小、动态响应好、灵敏度高、分辨率高、能实现非接触测量等特点，因而被广泛应用于位移、加速度、振动、压力、压差、液位、成分含量等检测领域。

电容式传感器具有如下优点。

1）结构简单，适应性强

电容式传感器结构简单，易于制造，精度高；可以做得很小，以实现某些特殊测量；电容式传感器一般用金属作电极，以无机材料作绝缘支承，因此可工作在高温和低温、强辐射及强磁场等恶劣的环境中，能承受很大的温度变化，承受高压力、高冲击、过载等；能测超高压和低压差。

2）温度稳定性好

电容式传感器的电容值一般与电极材料无关，有利于选择温度系数低的材料，又由于本身发热极小，因此对稳定性影响也极微小。

3）动态响应好

电容式传感器由于极板间的静电引力很小，需要的作用能量极小，可动部分可以做得小而薄，质量轻，因此固有频率高，动态响应时间短，能在几兆赫的频率下工作，特别适合于动态测量；可以用较高频率供电，因此系统工作频率高。可用于测量高速变化的参数，如振动等。

4）分辨率高

由于传感器带电极板间的引力极小，需要输入能量低，所以特别适合用来解决输入能量低的问题，如测量极小的压力、力和很小的加速度、位移等，可以做得很灵敏，分辨率非常高，能感受 1mm，甚至更小的位移。

5）可实现非接触测量，具有平均效应

如回转轴的振动或偏心、小型滚珠轴承的径向间隙等，采用非接触测量时，电容式传感器具有平均效应，可以减小工件表面粗糙度等对测量的影响。

但是电容式传感器也存在输出阻抗高、负载能力差的缺点。电容传感器的电容量受其电极几何尺寸等限制，一般为几十皮法到几百皮法，使传感器输出阻抗很高，尤其当采用音频范围内的交流电源时，输出阻抗更高，因此传感器负载能力差，易受外界干扰影响而产生不稳定现象；由于电容值小，而传感器的引线电缆电容、测量电路的杂散电容以及传感器极板与其周围导体构成的电容等“寄生电容”较大，降低了传感器的灵敏度，破坏了稳定性，影响测量精度，因此对电缆的选择、安装、接法都要有要求。

3.1.2 电容式传感器的主要特性

中间有绝缘介质的两个相对金属板组成的电容器如图 3.1 所示，若忽略边缘效应，平行板电容器的电容量为

$$C=\frac{\varepsilon S}{d} \tag{3.1}$$

式中：ε 为极板间介质的介电常数，F/m；S 为两平行极板相互覆盖的面积，m^2；d 为两极板间的距离，m。

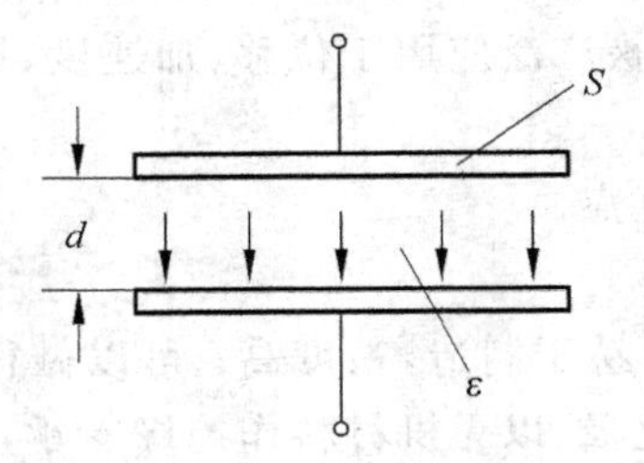

图 3.1 电容器原理图

当被测量的变化，如压力的变化使 S、d 或 ε 任意一个参数发生变化时，电容量也随之而变，从而完成了由被测量到电容量的转换。

当式(3.1)中的三个参数中两个固定，一个可变时，使电容式传感器有三种基本类型：变极距型电容传感器、变面积型电容传感器和变介电常数型电容传感器。

1. 变极距型电容传感器

变极距型电容传感器结构形式如图 3.2 所示。图 3.2(a)是圆极型，被测物体使电容的一个极板移动；图 3.2(b)是以被测物为一个极板；图 3.2(c)是圆极型差动式电容形式，一般可以测量微小量。

若式(3.1)中参数 S 不变，介电常数 ε 不变，d 是变化的，假设电容极板间的距离由初

始值 d_0 减小了 Δd，电容量增加 ΔC，则有

$$\Delta C = C - C_0 = \frac{\varepsilon S}{d_0 - \Delta d} - \frac{\varepsilon S}{d_0} = \frac{\varepsilon S \Delta d}{(d_0 - \Delta d) d_0} = C_0 \frac{\Delta d}{d_0 - \Delta d} = C_0 \frac{\Delta d}{d_0} \frac{1}{1 - \dfrac{\Delta d}{d_0}} \tag{3.2}$$

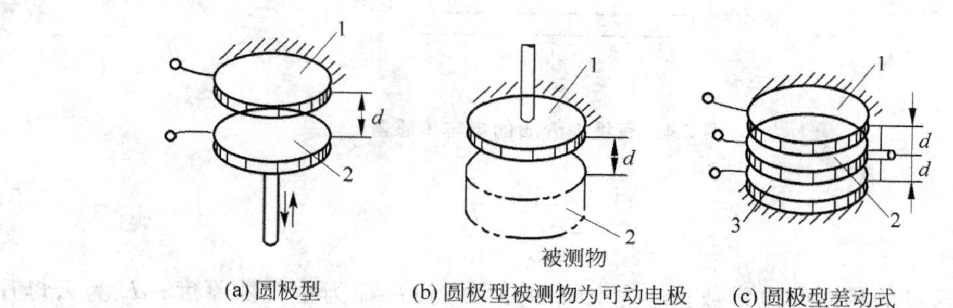

图 3.2 变极距型电容传感器的结构形式图

1，3—定极板；2—动极板

由式(3.2)可知，电容的变化量 ΔC 与极间距 Δd 是非线性关系，即传感器的输入和输出呈非线性关系，特性曲线如图 3.3 所示。

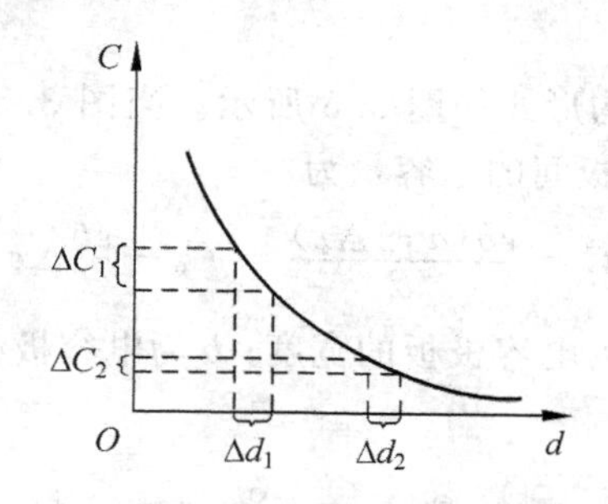

图 3.3 电容传感器输出特性曲线图

在式(3.2)中，若 $\Delta d/d \ll 1$ 时，则可简化为

$$\Delta C = C - C_0 = C_0 \frac{\Delta d}{d_0} \tag{3.3}$$

此时 ΔC 与 Δd 近似呈线性关系，所以变间距型电容式传感器只有在 $\Delta d/d$ 很小时，才有近似的线性关系。

若 $\Delta d/d \ll 1$ 时，变间距型电容传感器的灵敏度为

$$\frac{\Delta C}{\Delta d} = \frac{C_0}{d_0} \tag{3.4}$$

另外，由式(3.3)可以看出，在 d_0 较小时，对于同样的 Δd 变化所引起的 ΔC 增大，从而使传感器灵敏度提高。但 d_0 过小，容易引起电容器击穿或短路。为此，极板间可采用高介电常数的材料(云母、塑料膜等)做介质，如图 3.4 所示，若中间介质为云母片，此时电容量 C 变为

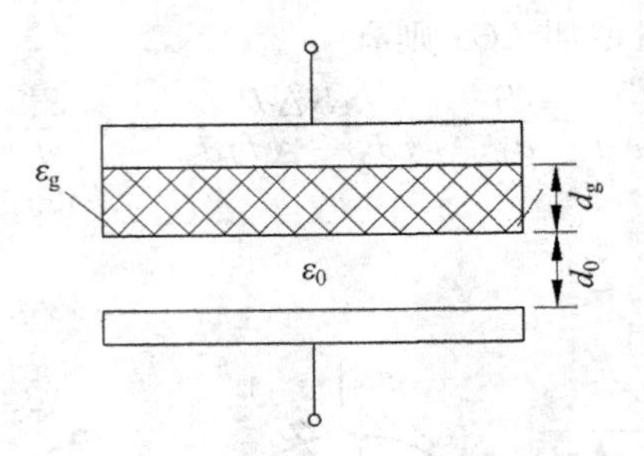

图 3.4 有绝缘介质的电容传感器

$$C=\frac{S}{\dfrac{d_g}{\varepsilon_0\varepsilon_r}+\dfrac{d_0}{\varepsilon_0}} \tag{3.5}$$

式中：ε_r 为云母的相对介电常数；ε_0 为空气的介电常数；d_0 为空气隙厚度；d_g 为云母片的厚度。

一般云母片的相对介电常数是空气的 7 倍，其击穿电压不小于 1000kV/mm，而空气仅为 3kV/mm，因此有了云母片，极板间起始距离可大大减小。同时，式(3.5)中的 $d_g/\varepsilon_0\varepsilon_r$ 项是恒定值，它能使传感器输出特性的线性度得到改善。

2. 变面积型电容传感器

变面积型电容传感器结构形式如图 3.5 所示。当图 3.5(a)中平板形电容传感器的可动极板 2 移动 Δx 后，两极板间的电容量为

$$C=\frac{\varepsilon b(a-\Delta x)}{d}=C_0-\frac{\varepsilon b}{d}\Delta x \tag{3.6}$$

式中：ε 为介质介电常数；a 为电容极板的宽度；b 为电容极板的长度；Δx 为电容可动极板长度的变化量。

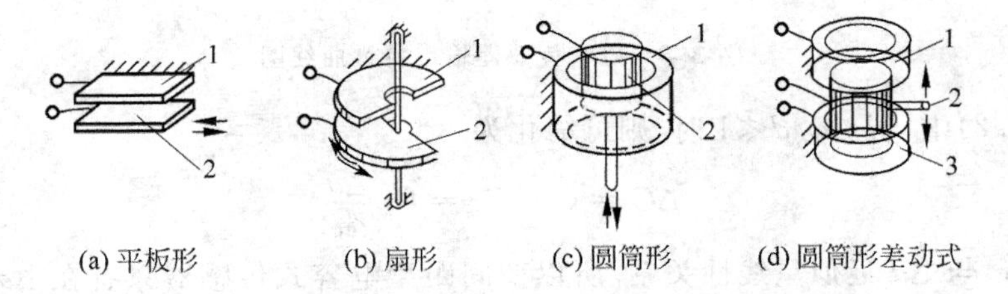

图 3.5 变面积型电容传感器结构图

1，3—定极板；2—动极板

电容的变化量为

$$\Delta C=C-C_0=-\frac{\varepsilon b}{d}\Delta x \tag{3.7}$$

电容传感器的灵敏度为

$$S=\frac{\Delta C}{\Delta x}=-\frac{\varepsilon b}{d} \tag{3.8}$$

可见，变面积型电容传感器的输出特性是线性的，适合测量较大的位移，其灵敏度 S

为常数，增大极板长度 b，减小间距 d，可使灵敏度提高，极板宽度 a 的大小不影响灵敏度，但也不能太小，否则边缘影响增大，非线性将增大。

图 3.5(c)为圆筒形电容传感器，其中线位移的电容量在忽略边缘效应时为

$$C=\frac{2\pi\varepsilon l}{\ln(r_2/r_1)} \tag{3.9}$$

式中：l 为外圆筒与内圆筒覆盖部分的长度；r_1、r_2 为外圆筒内半径和内圆筒外半径。

当两圆筒相对移动 Δl 时，电容变化量为

$$\Delta C=\frac{2\pi\varepsilon l}{\ln(r_2/r_1)}-\frac{2\pi\varepsilon(l-\Delta l)}{\ln(r_2/r_1)}=\frac{2\pi\varepsilon\Delta l}{\ln(r_2/r_1)}=C_0\frac{\Delta l}{l} \tag{3.10}$$

可见此类传感器具有良好的线性。

$$S=\frac{C_0}{l} \tag{3.11}$$

由式(3.11)可知，其灵敏度为常数，且取决于 r_2/r_1，r_2 与 r_1 越接近，灵敏度越高。虽然内、外极圆筒原始覆盖长度 l 与灵敏度相关（l 越小，灵敏度越高），但 l 不能太小，否则边缘效应将影响传感器的特性。

3. 变介电常数型电容传感器

变介电常数型电容传感器结构形式如图 3.6 所示。

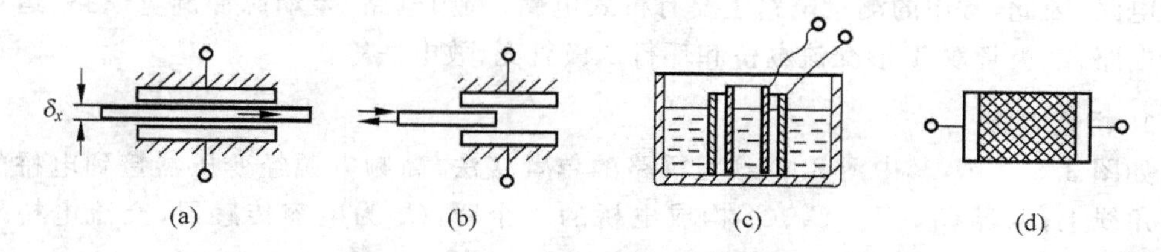

图 3.6 变介电常数型电容传感器结构形式图

当图 3.6(b)中有介质在极板间移动时，若忽略边缘效应，则传感器的电容量为

$$C=\frac{bl_x}{(d_0-\delta)/\varepsilon_0+\delta/\varepsilon}+\frac{b(a-l_x)}{\delta/\varepsilon_0} \tag{3.12}$$

式中：d_0 为两极板间的间距；δ 为被插入介质的厚度；l_x 为被插入介质的长度；ε_0 为空气的介电常数；ε 为被插入介质的介电常数。

由式(3.12)可见，当运动介质厚度 δ 保持不变，而介电常数 ε 改变时，电容量将产生相应的变化，因此可作为介电常数的测试仪；反之，如果 ε 保持不变，而 d 改变，则可作为厚度测试仪。

3.1.3 电容式传感器的等效电路

电容式传感器的等效电路如图 3.7 所示。图中 R_P 为并联损耗电阻，在低频时影响较大，随着工作频率增高，容抗减小，影响减弱；R_s 为串联等效电阻，由引线电阻、电容器支架和极板电阻组成；电感 L 由电容器本身的电感和外部引线电感组成；C_P 为传感器本身电容和引线电缆、测量电路及极板与外界所形成的寄生电容之和。电容传感器的工作频率一般较高（但不高于谐振频率），此时可以忽略 R_P、R_s 的影响，则有效电容 C_e 可

由式

$$\frac{1}{j\omega C_e}=j\omega L+\frac{1}{j\omega C} \tag{3.13}$$

$$C_e=\frac{C}{1-\omega^2 LC} \tag{3.14}$$

式(3.14)表明,电容式传感器的等效电容值与传感器的固有电感 L 及角频率有关,因此,在实际使用时必须与标定的条件相同。

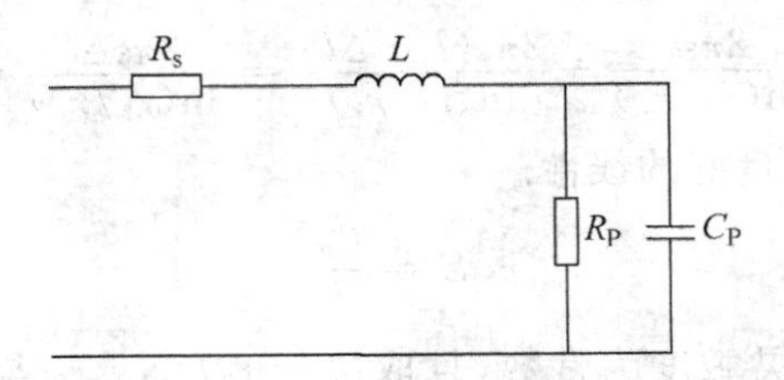

图 3.7 电容式传感器的等效电路图

3.1.4 电容式传感器的转换电路

电容式传感器的测量电路就是将电容式传感器看成一个电容并转换成电压或其他电量的电路,因此,常用的测量电路主要有桥式电路、调频电路、差动脉冲调宽电路、运算放大器电路、二极管双 T 形交流电桥和环行二极管充、放电法等。

1. 桥式电路

如图 3.8 所示,其中图 3.8(a)为桥路的单臂接法,高频电源经变压器接到电桥的一条对角线上,电容 C_1、C_2、C_3、C_x 构成电桥的 4 个臂,C_x 为电容传感器,交流电桥平衡时有

$$\frac{C_1}{C_2}=\frac{C_x}{C_3} \tag{3.15}$$

当 C_x 改变时,$U_o\neq 0$,有电压输出,该电路常用于液位检测仪表中。

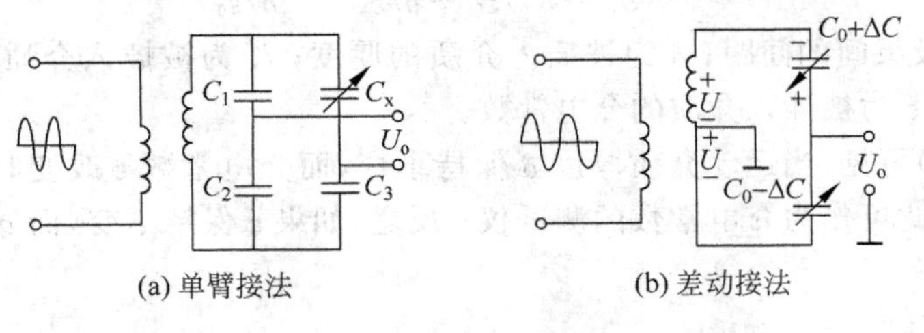

图 3.8 桥式电路

图 3.8(b)为差动接法,两个电容为差动电容式传感器,其空载输出电压为

$$U_o=\frac{(C_0-\Delta C)-(C_0+\Delta C)}{(C_0-\Delta C)+(C_0+\Delta C)}U=\frac{\Delta C}{C}U$$

式中:U 为电源电压;C_0 为电容式传感器平衡状态的初始电容值。

2. 调频电路

调频电路原理如图 3.9 所示。将电容式传感器接入高频振荡器的 LC 回路中，当被测量使电容变化时，振荡频率也相应变化，故称为调频电路。图中，调频振荡器的振荡频率为

$$f=\frac{1}{2\pi\sqrt{LC}}=\frac{1}{2\pi\sqrt{C_0+C_1+C_2+\Delta C}} \tag{3.16}$$

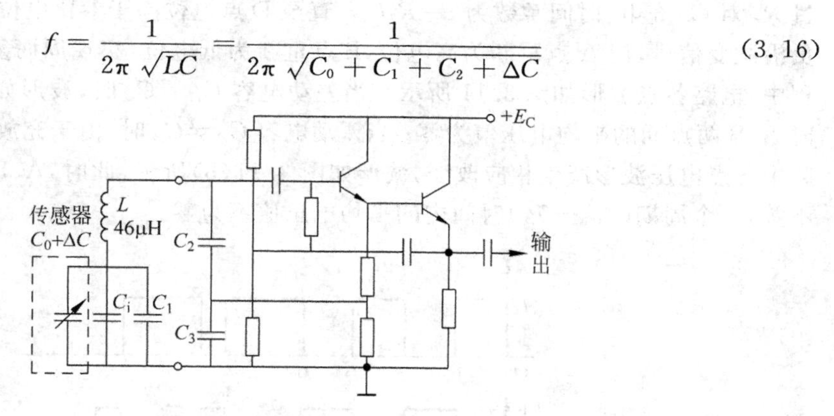

图 3.9 调频电路原理图

调频电路实际是把电容式传感器作为振荡器谐振回路的一部分，当输入量导致电容量发生变化时，振荡器的振荡频率就发生变化。虽然可将频率作为测量系统的输出量，用以判断被测非电量的大小，但此时系统是非线性的，不易校正，因此必须加入鉴频器，将频率的变化转换为电压振幅的变化，经过放大就可以用仪器指示或记录仪记录下来。调频电容式传感器测量电路具有较高的灵敏度，可以测量高至 0.01m 级位移变化量。信号的输出频率易于用数字仪器测量，并与计算机通信，抗干扰能力强，可以发送、接收，以达到遥测、遥控的目的。

3. 差动脉冲调宽电路

差动脉冲调宽电路属脉冲调制电路，原理如图 3.10 所示。它利用对传感器电容充、放电使输出脉冲的宽度随电容量的变化而变化，再经低通滤波器可得对应被测量变化的直流信号。

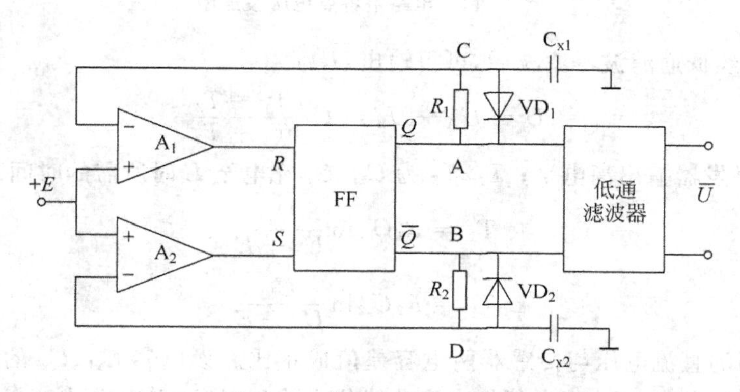

图 3.10 差动脉冲调宽电路

图中，C_{x1}、C_{x2}为差动式电容传感器，A_1、A_2为比较器，FF为双稳态触发器。当双稳态触发器处于某一状态，假设A点为高电位，B点为低电位。A点通过R_1对C_{x1}充电，时间常数为$\tau = R_1C_{x1}$，直至C点电位高于参比电位E，比较器A_1输出负沿跳变信号，使得A点为低电位，B点为高电位。此时，C_{x1}通过VD_1迅速放电至零电位，而B点高电位通过R_2对C_{x1}充电，时间常数为$\tau = R_2C_{x2}$，直至D点电位高于参比电位E；比较器A_2输出负沿跳变信号，使A点重新为高电位，B点重新为低电位，实现周而复始的振荡。上述过程中，电路各点波形如图3.11所示。当差动电容$C_{x1}=C_{x2}$时，波形如图3.11(a)所示，此时A、B两点间的平均电压值为零；当差动电容$C_{x1}\neq C_{x2}$时，由于充放电时间常数变化，电路中各点电压波形产生相应改变，波形如图3.11(b)所示，此时，A、B两点电位波形宽度不等，一个周期(T_1-T_2)时间内的平均电压值不为零。

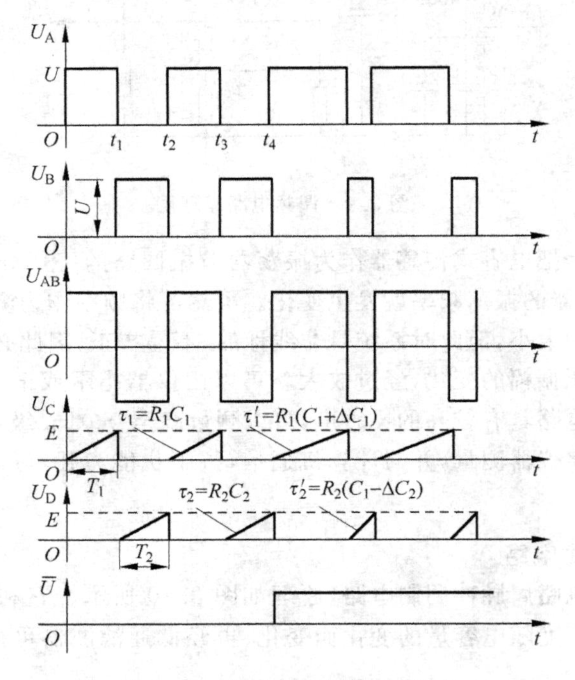

图3.11 电路中各点电压波形图

电压U_{AB}经低通滤波器滤波后，可得输出$\overline{U}$为

$$\overline{U} = U_A - U_B = U_1\frac{T_1 - T_2}{T_1 + T_2} \tag{3.17}$$

式中：U_1为触发器输出高电平；T_1、T_2为C_{x1}、C_{x2}充电至E时所需的时间。

$$T_1 = R_1C_{x1}\ln\frac{U_1}{U_1 - E} \tag{3.18}$$

$$T_2 = R_2C_{x2}\ln\frac{U_2}{U_2 - E} \tag{3.19}$$

可见输出的直流电压与传感器两电容差值成正比。设电容C_{x1}、C_{x2}的极板间距和面积分别为d_1、d_2和S_1、S_2，将平行板电容公式代入式(3.19)，对差动式变极距型和变面积型电容式传感器可得

$$\overline{U}=\frac{d_2-d_1}{d_2+d_1}U_1 \tag{3.20}$$

$$\overline{U}=\frac{S_2-S_1}{S_2+S_1}U_1 \tag{3.21}$$

可见差动脉冲调宽电路能适用于任何差动式电容传感器，并具有理论上的线性特性。另外，差动脉冲调宽电路采用直流电源，其电压稳定性高，不需要稳频和波形纯度，也不需要相敏检波与解调；对元件无线性要求；经低通滤波器可输出较大的直流电压，对输出矩形波的纯度要求也不高。

4. 运算放大器电路

该电路的最大特点是能够克服变极距型电容式传感器的非线性。图 3.12 为其原理图，图中 C_x 为传感器电容，C 为固定电容，由运算放大器的原理可知：

$$U_0=-\frac{1/(\mathrm{j}\omega C_x)}{1/(\mathrm{j}\omega C)}U=-\frac{C}{C_x}U \tag{3.22}$$

将 $C_x=\frac{\varepsilon S}{d}$代入，有

$$U_0=-\frac{UC}{\varepsilon S}d \tag{3.23}$$

式(3.23)表明，输出电压与 d 是线性关系，这从原理上保证了变极距型电容传感器的线性。

注意：这里是假设放大器开环放大倍数 A 为无穷大，输入阻抗 Z_i 也为无穷大，所以存在一定的非线性误差，但很小。

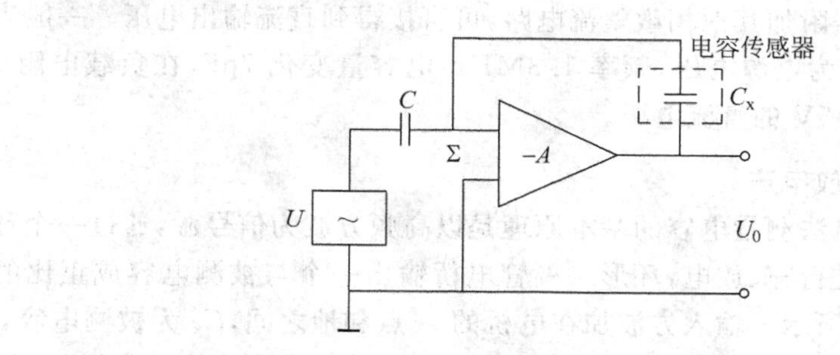

图 3.12 运算放大器原理电路图

5. 二极管双 T 形交流电桥

图 3.13(a)是二极管双 T 形交流电桥原理图。e 为高频电源，它提供了幅值为 U 的对称方波，VD_1、VD_2 为特性完全相同的两只二极管，R_1、R_2、R 为固定电阻 ，C_1、C_2 为传感器的两个差动电容。

当传感器没有输入时，$C_1=C_2$。其电路工作原理如下：当 e 为正半周时，二极管 VD_1 导通、VD_2 截止，于是电容 C_1 充电，其等效电路如图 3.13(b)所示；在随后负半周出现时，电容 C_1 上的电荷通过电阻 R_1、负载电阻 R_L 放电，流过 R_L 的电流为 I_1。当 e 为负半周时，VD_2 导通、VD_1 截止，则电容 C_2 充电，其等效电路如图 3.13(c)所示；在随后出现正半周时，C_2 通过电阻 R_2、负载电阻 R_L 放电，流过 R_L 的电流为 I_2。根据上面所给的条

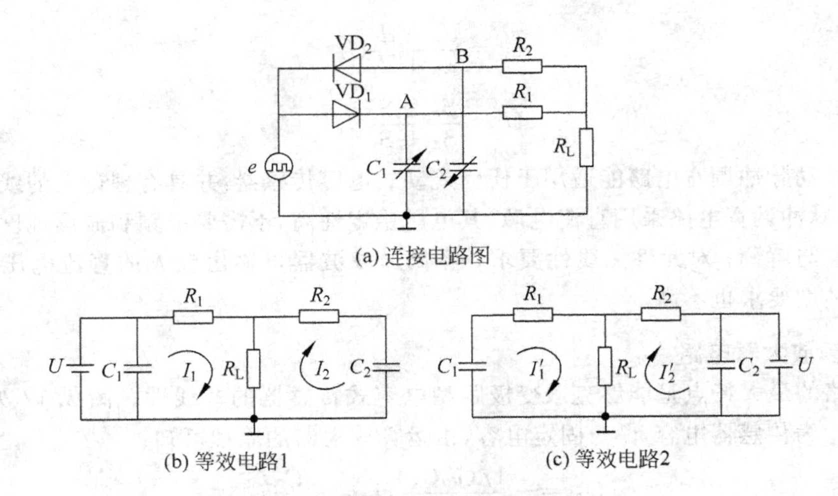

图 3.13　二极管双 T 形交流电桥原理图

件，则 $I_1=I_2$，且方向相反，在一个周期内流过 R_L 的平均电流为零。

若传感器输入不为 0，则 $C_1\neq C_2$，$I_1\neq I_2$，此时在一个周期内通过 R_L 上的平均电流不为零，因此产生输出电压，输出电压在一个周期内平均值为

$$U_0=I_LR_L=\frac{R_L}{T}\int_0^T[I_1(t)-I_2(t)]\mathrm{d}t\approx\frac{R(R+2R_L)}{(R+R_L)^2}R_LUf(C_1-C_2)\qquad(3.24)$$

由式(3.24)可见，输出电压不仅与电源电压 U 的幅值大小有关，而且与电源频率有关，因此，为保证输出电压与电容量成比例变化，除了要稳压外，还须稳频。这种电路的最大优点是线路简单，不需附加其他相敏整流电路，可直接得到直流输出电压。一般当用有效值为 46V 的正弦波作为电源电压，频率 1.3MHz，电容量变化 7pF，在负载电阻 R_L 为 1MΩ 的电阻上可输出±5V 的直流电压。

6. 环形二极管充、放电法

环形二极管充、放电法测量电容的基本原理是以高频方波为信号源，通过一个环形二极管电桥，对被测电容进行充、放电，环形二极管电桥输出一个与被测电容成正比的微安级电流，原理如图 3.14 所示。输入方波加在电桥的 A 点和地之间，C_x 为被测电容，C_d 为平衡电容传感器初始电容的调零电容，C 为滤波电容，A 为直流电流表。在设计时，由于方波脉冲宽度足以使电容器 C_x 和 C_d 充、放电过程在方波平顶部分结束，因此，电桥将发生如下的过程。

当输入的方波电压由 E_1 跃变到 E_2 时，电容 C_x 和 C_d 两端的电压皆由 E_1 充电到 E_2。对电容 C_x 充电的电流如图 3.14 中 i_1 所示的方向，对 C_d 充电的电流如 i_3 所示方向。在充电过程中(T_1 这段时间)，VD_2、VD_4 一直处于截止状态。在 T_1 这段时间内由 A 点向 C 点流动的电荷量为 $q_1=C_d(E_2-E_1)$。

当输入的方波由 E_2 返回到 E_1 时，C_x、C_d 放电，它们两端的电压由 E_2 下降到 E_1，放电电流所经过的路径分别为 i_2、i_4 所示的方向。在放电过程中(T_2 时间内)，VD_1、VD_3 截止，在 T_2 这段时间内由 C 点向 A 点流过的电荷量为 $q_2=C_d(E_2-E_1)$。设方波的频率 $f=1/T_0$(即每秒钟要发生的充、放电过程的次数)，则由 C 点流向 A 点的平均电流为

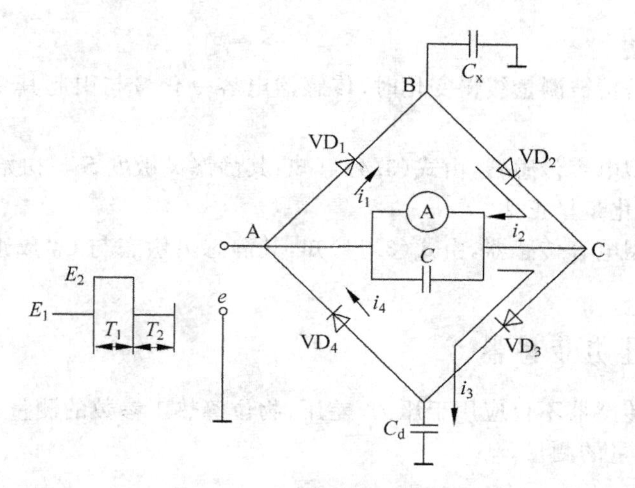

图 3.14 环形二极管充放电法

$$I = C_x f(E_2 - E_1) - C_d f(E_2 - E_1) = f\Delta E(C_x - C_d) \tag{3.25}$$

式中：$\Delta E = E_2 - E_1$。因此，I 正比于 ΔE。

3.1.5 电容式传感器的主要性能指标

1. 非线性

对于变极距型电容传感器，若考虑式(3.25)中的二次项，则

$$\frac{\Delta C}{C_0} = \frac{\Delta d}{d}\left(1 + \frac{\Delta d}{d}\right) \tag{3.26}$$

由此得出传感器的相对非线性误差 δ 为

$$\delta = \frac{(\Delta d/d_0)^2}{|\Delta d/d_0|} \times 100\% = \left|\frac{\Delta d}{d}\right| \times 100\% \tag{3.27}$$

由式(3.26)和式(3.27)可以看出，要提高灵敏度，需减小初始间距 d_0，但非线性误差却随着 d_0 的减小而增大。因此，在实际应用中，为克服上述矛盾，常采用差动式结构，如图 3.15 所示，既使灵敏度提高 1 倍，又使非线性误差大大降低，抗干扰能力增强。

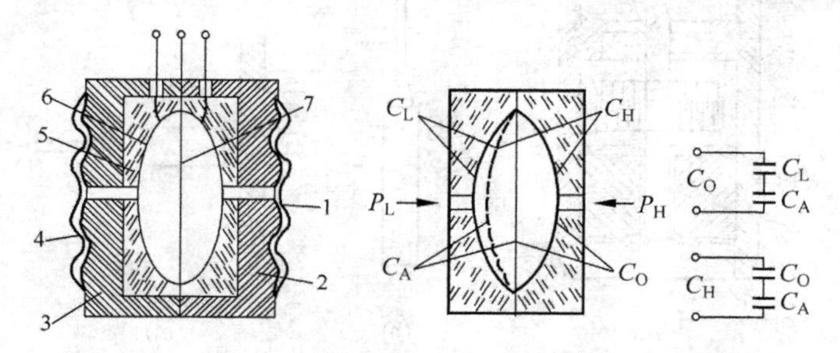

图 3.15 电容式差压传感器原理结构图

1，4—波纹隔离膜片；2，3—不锈钢基座；5—玻璃层；6—金属膜；7—测量膜片

2. 静态灵敏度

静态灵敏度是指被测量缓慢变化时，传感器电容变化量与引起其变化的被测量变化之比。

对于变极距型电容传感器，由式(3.4)可知，其静态灵敏度 S 与初始极板间距 d_0 呈反比，与被测量的变化量呈正比。

对于变面积型电容传感器，由式(3.11)知，其静态灵敏态与 C_0 成正反，与覆盖长度 l 成反比。

3.1.6 电容式压力传感器

电容式压力传感器不仅应用于压力、差压、物位等热工参数的测量，也广泛用于位移、振动、荷重等机械量的测量。

1. 电容式差压传感器

电容式差压传感器的核心部分如图 3.15 所示。将左右对称的不锈钢基座 2 和 3 的外侧加工成环状波纹沟槽，并焊上波纹隔离膜片 1 和 4，基座内侧有玻璃层 5，基座和玻璃层中央有孔。玻璃层内表面磨成凹球面，球面除边缘部分外镀以金属膜 6，此金属膜层为电容的定极板并有导线通往外部。对称结构的中央夹入并焊接弹性平膜片，即测量膜片 7，为电容的动极板。

此电容传感器的特点是灵敏度高、线性好，并减少了由于介电常数受温度影响引起的温度不稳定性。

2. 变面积式压力传感器

变面积式压力传感器的结构如图 3.16 所示。被测压力作用在金属膜片 1 上，通过中心柱 2、支撑弹簧 3 使可动电极 4 随膜片中心位移而动作。可动电极 4 和固定电极 5 都是由金属材质切削成的同心环形槽 8 构成的，有套筒状突起，断面呈梳齿形，两电极交错重叠部分的面积决定电容量。

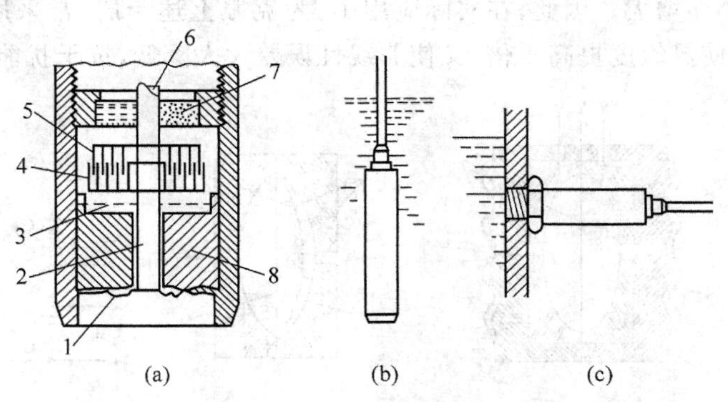

图 3.16 变面积式压力传感器原理结构图

1—金属膜片；2—中心柱；3—弹簧；4—可动电极；5—固定电极；6—中心柱；7—绝缘支架；8—同心环形槽

固定电极 5 的中心柱 6 与外壳间有绝缘支架 7，可动电极 4 与外壳连通。压力引起的极间电容变化由中心柱 6 引至电子线路，变为直流信号输出。电子线路与上述可变电容安装在同一外壳中，整体结构紧凑。

这种传感器可利用软导线悬挂在被测介质中，如图 3.16(b)所示，也可用螺纹或法兰安装在容器壁上，如图 3.16(c)所示。

这种传感器的测量范围是固定的，不能随意迁移，而且因其膜片背面为无防腐能力的封闭空间，不可与被测介质接触，故只限于测量压力，不能测差压。膜片中心位移不超过 0.3mm，其背面无硅油，可视为恒定的大气压。采用两线制连接方式，工作电压为 12～36V，精度为 0.25～0.5 级，工作温度为－10～＋150℃。

3. 荷重传感器

电容式荷重传感器的结构如图 3.17 所示。它是在一块特种钢(一般采用镍铬钼钢)上，于同一高度并排平行打一些圆孔，孔的内壁以特殊的黏合剂固定两个截面为 T 形的绝缘体，保持其平行并留有一定间隙，在相对面上粘贴铜箔，从而形成一排平板电容。

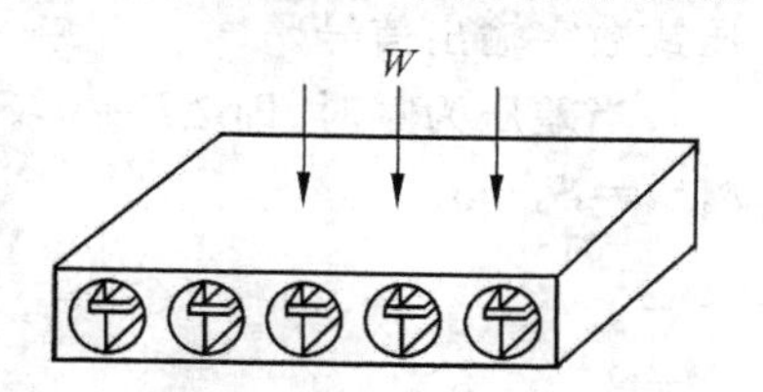

图 3.17 荷重传感器结构图

当圆孔受荷重变形时，电容值将改变，电路上的各电容并联，因此总电容量将正比于平均荷重 W。这种传感器具有误差较小、接触面影响小、测量电路可装在孔中、工作稳定性好等优点。

3.1.7 1151 型压力变送器

压力变送器(Pressure Transmitter，PT)是指以输出为标准信号的压力传感器，是一种接受压力变量按比例转换为标准输出信号的仪表。它能将测压元件传感器感受到的气体、液体等物理压力参数转变成标准的电信号。按照内部结构，它可以分为电容式压力变送器、应变片式压力变送器和扩散硅压力变送器等。

典型的电容式压力变送器是罗斯蒙特的 1151 型压力变送器，其外观如图 3.18 所示，取样室结构如图 3.19 所示。1151 型压力变送器有多种形式，可用于差压、流量、表压、绝压、真空度、液位和比重的测量。

图 3.18 1151 压力变送器的外观

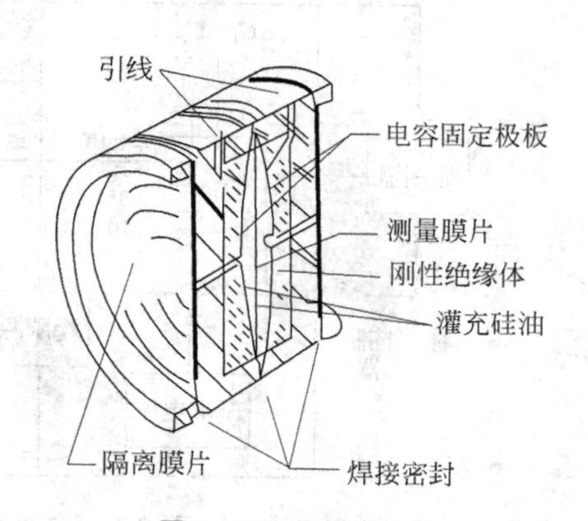

图 3.19 取样室结构

1. 工作原理

电容式压力变送器的工作原理,是依据两个压力室来工作的。压力室结构如图 3.20 所示。

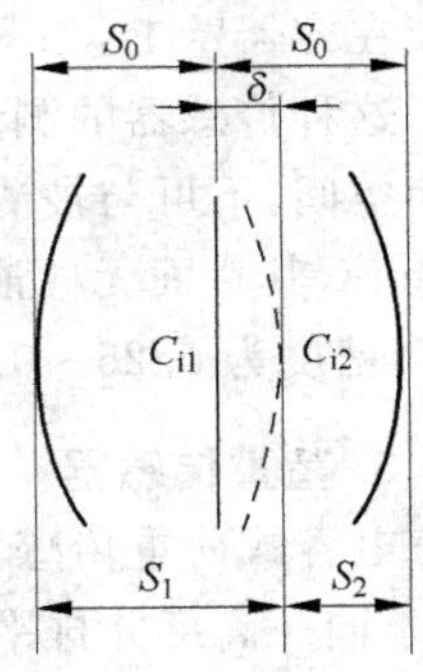

图 3.20 压力室结构

工作时,高、低压侧的隔离膜片和灌充液将过程压力传递给中心的灌充液,中心的灌充液将压力传递到压力室传感器中心的传感膜片上。传感膜片是一个张紧的弹性元件,其位移随所受差压而改变两侧电容极板检测传感膜片的位置。传感膜片的最大位移量为 0.10mm (0.004 英寸),且位移量与压力成正比。传感膜片和电容极板之间的电容差值被转换为相应的电流、电压或数字输出信号。

当差压为零时,即 $\Delta P=0, S_1=S_2=S_0$; $\Delta P>0$, $S_1=S_0+\delta, S_2=S_0-\delta$。

$$C_{i1}=\frac{\varepsilon_1 A_1}{S_1}=\frac{\varepsilon_1 A_1}{S_0+d} \tag{3.28}$$

$$C_{i2}=\frac{\varepsilon_1 A_1}{S_2}=\frac{\varepsilon_1 A_1}{S_0-d} \tag{3.29}$$

$$\Delta C=C_{i2}-C_{i1}=\varepsilon A\left(\frac{1}{S_0-\delta}-\frac{1}{S_0+\delta}\right) \tag{3.30}$$

式(3.30)中,电容变化量受到介电常数的影响,于是采用如下办法(将上述两个电容值之差除以两个电容值之和):

$$\frac{C_{i2}-C_{i1}}{C_{i2}+C_{i1}}=\frac{\varepsilon A[1/(S_0-\delta)-1/(S_0+\delta)]}{\varepsilon A[1/(S_0-\delta)+1/(S_0+\delta)]}=\frac{\delta}{S_0}=\frac{K_1\Delta P}{S_0} \tag{3.31}$$

消除介电常数的影响。

2. 转换放大电路

转换放大电路的作用是将差动电容的相对变化量转换成标准的电流输出信号,同时具有实现零点调整、零点迁移、量程调整、阻尼调整等功能,其原理如图 3.21 所示。

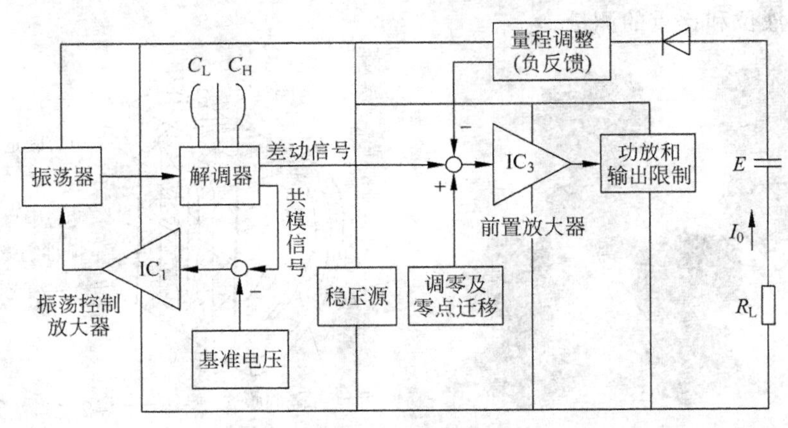

图 3.21 转换放大电路原理框图

此电路包括电容-电流转换电路及放大电路两部分，前者由振荡器、解调器、振荡控制放大电路组成，后者由前置放大器、调零与零点迁移电路、量程调整电路（负反馈电路）、功放与输出限制电路等组成。

差动电容器 C_L、C_H 由振荡器供电，经解调（即相敏整流）后，输出两组电流信号：一组为差动信号，另一组为共模信号。差动信号随输入差压 Δp_i 而变化，此信号与调零及调量程信号（即反馈信号）叠加后送入运算放大器 IC_3，再经功放和限流得到 4～20mA 的输出电流。共模信号与基准电压信号进行比较，其差值经 IC_1 放大后为振荡器供电，通过负反馈使共模信号保持不变。

3. 压力变送器的应用

在压力变送器的应用中，不同的压力变送器实现不同压力的检测，主要有如下几种。

表压：指以当时、当地大气压为起点计算的压强。当所测量系统的压强等于当时、当地的大气压时，压强表的指针指零，即表压为零，也即绝对压力－大气压＝表压。

绝对压力：作用在物体表面上的全部压力，绝对压力值以真空作为零点，又称全压力或总压力。

差压：指两个压力之差。

压力变送器根据不同的用途可以分为绝对压力变送器、差压变送器和表压变送器。图 3.22 为绝对压力变送器，图 3.23 为差压变送器。

图 3.22 绝对压力变送器

图 3.23 差压变送器

3.2 应变片式传感器

3.2.1 应变片与应变效应

应变式电阻传感器是目前用于测量力、力矩、压力、加速度、重量等参数最广泛的传感器之一。它具有悠久的历史，但新型应变片仍在不断出现，它是利用应变效应制造的一种测量微小变化量(机械)的理想传感器。

常见的应变片有金属应变片和半导体应变片。金属应变片的稳定性和温度特性好，但其灵敏度小；而半导体应变片应变灵敏度大、体积小，能制成具有一定应变电阻的元件，但它的温度稳定性和可重复性不如金属应变片。

金属电阻应变片主要有丝式应变片和箔式应变片两种结构形式。箔式应变片根据需要可以制作成各种形状，且表面积和截面积之比大，散热条件好；允许通过的电流较大，可制成各种需要的形状；便于大批量生产。由于上述优点，有逐渐取代丝式应变片的趋势。

半导体应变片最突出的优点是体积小，灵敏度高，频率响应范围很宽，输出幅位大；不需要放大器，可直接与记录仪连接使用，使测量系统简单；但它具有温度系数大，应变时非线性比较严重的缺点。

导体或半导体材料在受到外界力(拉力或压力)作用时，会产生机械变形，机械变形导致其阻值变化，这种因形变而使其阻值发生变化的现象称为“应变效应”。应变片基于应变效应原理工作。

金属应变片的电阻为

$$R = \rho \frac{l}{S} \tag{3.32}$$

式中：ρ 为电阻丝的电阻率；l 为电阻丝的长度；S 为电阻丝的截面积。

两边取自然对数，有

$$\ln R = \ln\rho + \ln l - \ln S \tag{3.33}$$

取微分有

$$\mathrm{d}R/R = \mathrm{d}\rho/\rho + \mathrm{d}l/l - \mathrm{d}S/S \tag{3.34}$$

对于半径为 r 的电阻丝，截面面积 $S=\pi r^2$，则有 $\mathrm{d}S = 2\pi r\mathrm{d}r$，所以 $\mathrm{d}S/S=2\mathrm{d}r/r$。电阻丝的轴向(纵向)应变为 $\varepsilon=\mathrm{d}l/l$，径向(横向)应变为 $\mathrm{d}r/r$，则由材料力学泊松定律可知：

$$\frac{\mathrm{d}r}{r} = -\mu\frac{\mathrm{d}l}{l} = -\varepsilon \tag{3.35}$$

式中：μ 为电阻丝材料的泊桑比。

$$\mathrm{d}\rho/\rho = \lambda\sigma = \lambda E\varepsilon \tag{3.36}$$

则

$$\mathrm{d}R/R = (1 + 2\mu + \lambda E)\varepsilon \tag{3.37}$$

金属电阻材料的 λE 很小，即其压阻效应很弱，这样式(3.37)可简化为 $\mathrm{d}R/R\approx(1+2\mu)\varepsilon$，其灵敏度为

$$S=\frac{\mathrm{d}R/R}{\mathrm{d}l/l}=1+2\mu=\text{常数} \tag{3.38}$$

大量实验证明，对于每一种电阻丝，在一定的相对变形范围内，无论受拉或受压，金属材料的灵敏系数将保持不变，即 S 值是恒定的。当超出某一范围时，S 值将发生变化。

$$\frac{\Delta R}{R}=S\varepsilon \tag{3.39}$$

为了将电阻应变式传感器的电阻变化转换成电压或电流信号，在应用中一般采用电桥电路作为其测量电路。电桥电路具有结构简单、灵敏度高、测量范围宽、线性度好且易实现温度补偿等优点。能较好地满足各种应变测量要求，因此在应变测量中得到了广泛的应用。

应变片的常见相关参数如下所述。

1）机械滞后

应变片安装在试件上以后，在一定的温度下，加载和卸载过程中应一致，但实验表明，在加载和卸载过程中，对同一机械应变量，两过程的特性曲线并不重合，如图 3.24 所示。

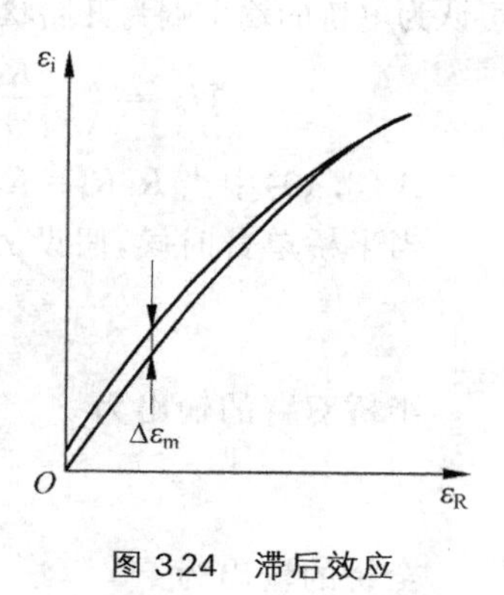

图 3.24 滞后效应

这种现象称为应变片的机械滞后。加载和卸载特性曲线之间的最大差值 $\Delta\varepsilon_m$ 称为应变片的机械滞后值。

2）零漂

已粘贴在试件上的应变片，在温度保持恒定，试件上没有机械应变的情况下，应变片的指示会随着时间增长而逐渐变化，这就是应变片的零点漂移，简称零漂。变化的特性称为应变片的零漂特性。

3）蠕变

已粘贴的应变片，温度保持恒定，在承受某一恒定的机械应变长时间作用下，应变片的指示会随时间的变化而变化，这种现象称为蠕变。一般来说，蠕变的方向与原来应变量变化的方向相反。

4）电阻值

电阻值指应变片在未经安装也不受外力的情况下，在室温下测得的电阻值。目前常用的电阻系列有 60Ω、120Ω、200Ω、350Ω、500Ω、1000Ω、1500Ω 等。市场上 350Ω、1000Ω 较为常见。

3.2.2 测量电路

电桥电路按辅助电源分为直流电桥和交流电桥，由于直流电桥的输出信号在进一步放大时易产生零漂，故早期交流电桥的应用更为广泛，可用于各种应变的测量。而直流电桥只用于较大应变的测量，但是随着电子技术的发展，零漂等技术难题获得改进，因此现在的直流电桥获得了更广泛的应用。

直流电桥电路按其工作方式分为单臂、双臂和全桥三种，其连接方式如图 3.25 所示。

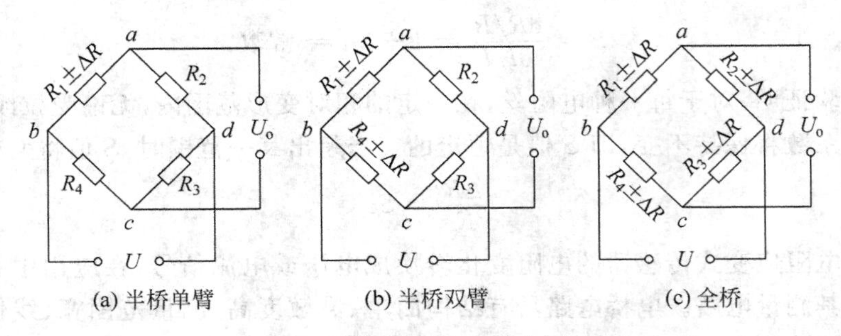

图 3.25 直流电桥的连接方式

直流电桥的平衡条件如下所述。

直流电桥的输出通常很小，一般需接放大器，放大器的输入阻抗比电桥的内阻要高很多，可认为电桥的输出端为开路状态，即 $R_1 \to \infty$，此时电桥又称为电压输出桥，其输出电压为

$$U_o = \left(\frac{R_1}{R_1 + R_2} - \frac{R_3}{R_3 + R_4}\right)U = \frac{R_1R_4 - R_2R_3}{(R_1 + R_2)(R_3 + R_4)}U \tag{3.40}$$

式(3.40)中当 $R_1R_4 = R_2R_3$ 时，电桥平衡。

当半桥单臂时候，假设 ΔR 和四个电阻在静态时均相等，直流电桥的输出为

$$|U_o| = \frac{\Delta R}{4R}U \tag{3.41}$$

半桥双臂的输出为

$$|U_o| = \frac{\Delta R}{2R}U \tag{3.42}$$

全桥的输出为

$$|U_o| = \frac{\Delta R}{R}U \tag{3.43}$$

从上面可以看出，全桥的输出比半桥单臂的输出提高 4 倍，因此，现在全桥应用形式居多。

交流电桥的平衡条件与直流电桥类似。

电桥电路的主要指标是桥路灵敏度、非线性和负载持性。

下面以直流电桥为例，说明应变片的测量原理。其测量电路如图 3.26 所示。

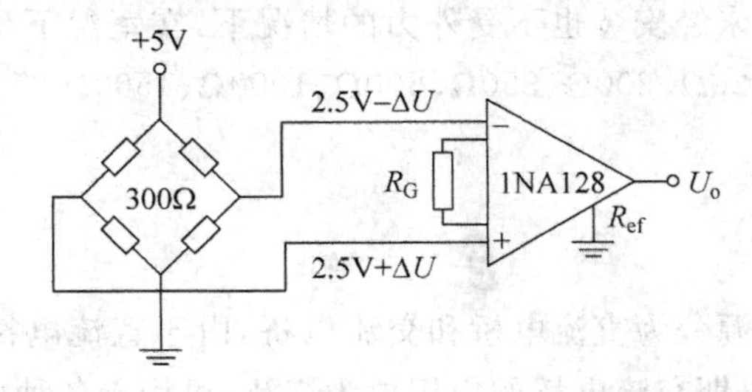

图 3.26 应变片放大电路

图中，应变片全桥输出的微弱信号经过运算放大器 1NA128 放大。1NA128 的结构如图 3.27 所示。

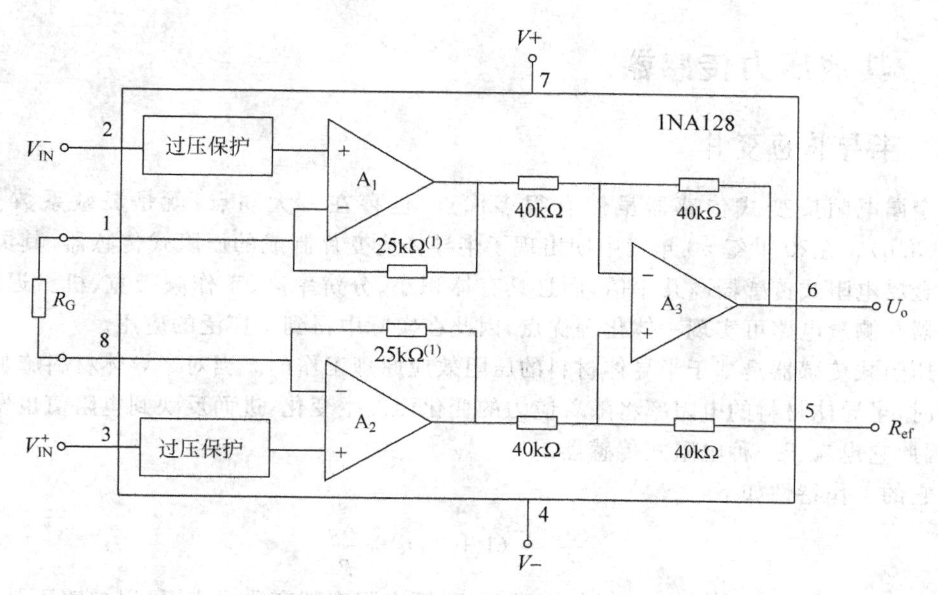

图 3.27　1NA128 内部电路

其放大倍数为

$$A = 1 + \frac{50K}{R_G} \tag{3.44}$$

3.2.3　应变片式传感器在衡器中的应用

用于衡器的传感器一般有电阻应变片、弹性金属结构传感器等。自从 1983 年将电阻应变片用于商用计价秤后,已逐渐取代传统的机械式案秤和光栅式码盘秤。这种电阻应变式计价秤的称重误差已可做到小于满量程的 0.02%。

图 3.28 是电子秤的典型结构。电压基准产生一个高稳定、低噪声的电压,这个电压经过放大和驱动,供给前面的应变片桥。当有货物加载到应变片桥上时,应变片桥产生一个微弱的信号。这个信号经过前述的类似 1NA128 放大后,送给 AD 芯片,进行 AD 转换,单片机读取该信号,同时接收键盘的信号,实现各种操作;并将相关信息通过 LCD 等进行显示。

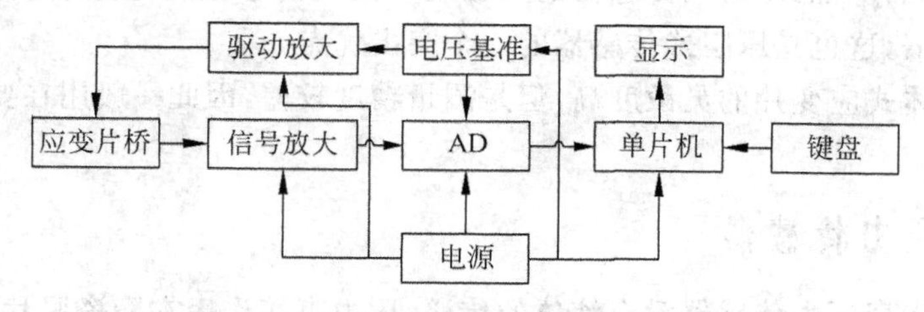

图 3.28　电子秤的典型电路结构

它可以根据预先编制的程序完成自动校准、自动凋零、自动量程、自动判断、自动计价、自动显示和打印结果等功能。

3.3 其他压力传感器

3.3.1 半导体应变片

金属电阻应变式传感器虽然有很多优点，但存在一大弱点，就是灵敏系数低(为2.0～3.6)。在20世纪50年代中期出现了半导体应变片制成的压阻式传感器，其灵敏系数比金属电阻式传感器高几十倍，而且具有体积小、分辨率高、工作频带宽、机械迟滞小、传感器与测量电路可实现一体化等优点，因此在实际中得到了广泛的应用。

压阻式传感器是基于半导体材料的压阻效应原理工作的。当对半导体材料施加应力作用时，半导体材料的电阻率将随着应力的变化而发生变化，进而反映到电阻值也发生变化，因此它也属于一种电阻式传感器。

它的工作特性如下：

$$\frac{\Delta R}{R}=(1+2\mu)\varepsilon+\frac{\Delta\rho}{\rho} \tag{3.45}$$

对于金属材料而言，式中 $\Delta\rho/\rho$ 一项很小，即电阻率的变化很小，可以忽略不计，即金属电阻应变片电阻的变化主要由金属材料的几何尺寸决定。但对于半导体材料而言，情况正好相反，即由材料几何尺寸变化而引起电阻的变化很小，可忽略不计，而 $\Delta\rho/\rho$ 一项很大，即半导体材料电阻的变化主要由半导体材料电阻率的变化造成，这就是压阻式传感器的工作原理。

当半导体应变片受到外界应力的作用时，其电阻(率)的变化与受到应力的大小成正比，这就是压阻传感器的工作原理。

$$\frac{\Delta R}{R}\approx\frac{\Delta\rho}{\rho}=\pi\sigma \tag{3.46}$$

式中：π 为压阻系数；σ 为应力。由于弹性模量 $E=\sigma/\varepsilon$，因此式(3.46)可以表示为

$$\frac{\Delta R}{R}=\pi\sigma=\pi E\varepsilon=K\varepsilon \tag{3.47}$$

式中：K 为灵敏度。

需要指出的是，对于不同的半导体，压阻系数和弹性模量都不一样，所以灵敏系数也各不相同，但总的来说，压阻式传感器的灵敏系数大大高于金属电阻应变片的灵敏系数，是其50～100倍，这也是压阻式传感器的一个突出优点。

由于半导体式应变片的灵敏度高，但是测量精度较差，因此一般用在要求精度不高的工业场合。

3.3.2 陶瓷压力传感器

抗腐蚀的陶瓷压力传感器没有液体的传递，压力直接作用在陶瓷膜片的前表面，使膜片产生微小形变，厚膜电阻印刷在陶瓷膜片的背面，连接成一个惠斯通电桥(闭桥)。由于压敏电阻的压阻效应，使电桥产生一个与压力成正比的高度线性、与激励电压成正比的电压信号，可以和应变式传感器相兼容。通过激光标定，传感器具有很高的温度稳定性和时

间稳定性，传感器自带温度补偿 0～70℃，并可以和绝大多数介质直接接触。

3.3.3 蓝宝石压力传感器

利用应变电阻式工作原理，采用硅-蓝宝石作为半导体敏感元件，具有无与伦比的计量特性。蓝宝石系由单晶体绝缘体元素组成，不会发生滞后、疲劳和蠕变现象；蓝宝石比硅坚固，硬度更高，不怕形变；蓝宝石有着非常好的弹性和绝缘特性(1000℃以内)，因此，利用硅-蓝宝石制造的半导体敏感元件对温度变化不敏感，即使在高温条件下，也有着很好的工作特性；蓝宝石的抗辐射特性极强；另外，硅-蓝宝石半导体敏感元件，无 p-n 漂移，因此，从根本上简化了制造工艺，提高了重复性，确保了高成品率。用硅-蓝宝石半导体敏感元件制造的压力传感器和变送器，可在最恶劣的工作条件下正常工作，并且可靠性高、精度好、温度误差极小、性价比高。

3.3.4 扩散硅压力传感器原理

扩散硅压力传感器的压力直接作用于传感器的膜片上(不锈钢或陶瓷)，使膜片产生与介质压力成正比的微位移，使传感器的电阻值发生变化，可用电子线路检测这一变化，并转换输出一个对应于这一压力的标准测量信号。

本章小结

本章主要叙述了压力测量，主要是基于电容式和应变片式。

电容式传感器是基于把被测非电物理量转换为电容量的原理进行测量的，它在工业中被广泛用于压力、差压、物位、液位、振动和位移等多种参数的检测。

电容传感器有三种类型：变极距型、变面积型和变介电常数型，其中变极距型和变介电常数型电容传感器为非线性，而变面积型是线性的，在实际使用中为提高传感器的线性度和抗干扰能力，增大灵敏度，常采用差动式结构。

电容传感器常用的测量电路主要有桥式电路、调频电路、差动脉冲调宽电路、运算放大器电路、二极管双 T 形交流电桥和环行二极管充、放电法等，不同电路各有特点，适用不同参数测量的场合。

应变式电阻传感器分为金属电阻应变片和半导体应变片两种，分别基于应变效应和压阻效应原理制成，故有时半导体应变片也称为压阻式传感器。金属电阻应变片结构简单、性能可靠、应用范围广、适用性强，但灵敏度较小，受温度变化影响较大；而半导体应变片的最大优点是灵敏度高，可达金属电阻应变片的几十倍，不过同样存在着温度稳定性较差、非线性较大等不足，需采取温度补偿和非线性补偿等措施。

思考题与习题

1. 根据电容式传感器的工作原理分为几种类型？各有什么特点？适用于什么场合？
2. 如何改善单极式变极距型传感器的非线性？

3. 单组变面积式平板形线位移电容传感器如图 3.5(a)所示，两极板相互覆盖的宽度为 4mm，两极板的间隙为 0.5mm，极板间的介质为空气，试求其静态灵敏度。若极板相对移动 2mm，求其电容变化量。

4. 单组变面积式圆筒形电容传感器，其可动极筒外径为 9.8mm，定极筒内径为 10mm，两极筒遮盖长度为 1mm，极筒间介质为空气，试求其电容值。当供电频率为 60Hz 时，求其容抗值。

5. 简述 1151 电容式传感器压力的原理。

6. 电阻式传感器有哪些主要类型？

7. 金属电阻应变片与半导体应变片在工作原理上有何不同？

8. 推导公式(3.42)～式(3.44)。

9. 什么是差压变送器和绝对压力变送器。

CHAPTER 4

第4章 流量检测

流量是工业生产过程中一个重要参数，是指单位时间内流体(气体、液体或固体颗粒等)流经管道或设备某处横截面的数量，又称瞬时流量。流量可用体积流量和质量流量来表示。其单位分别用 m^3/h、L/h 和 kg/h 等。

体积流量可以表示为

$$q_v = \frac{dV}{dt} = vA \tag{4.1}$$

式中：v 为流体速度；A 为截面积。

质量流量可以表示为

$$q_m = \frac{dM}{dt} = \rho vA \tag{4.2}$$

式中：v 为流体速度；A 为截面积；ρ 为流体密度。

质量流量与体积流量的关系为

$$q_m = \rho q_v \tag{4.3}$$

在某段时间内流体通过的体积或质量称为累积流量或流过总量，它是体积流量或质量流量在该段时间内的积分。它能累计某段时间间隔内流体的总量，即各瞬时流量的累加和，如水表、煤气表等。具体为

$$V = \int_0^t q_v dt \tag{4.4}$$

$$M = \int_0^t q_m dt \tag{4.5}$$

常用的流量仪表可分为速度式流量计和容积式流量计两大类。

1) 速度式流量计

以测量流体在管道中的流速作为测量依据来计算流量的仪表。如差压式流量计、变面积流量计、电磁流量计、漩涡流量计、冲量式流量计、激光流量计、堰式流量计和叶轮水表等。

2) 容积式流量计

以单位时间内所排出的流体固定容积的数目作为测量依据，如椭圆齿轮流量计、腰轮流量计、刮板式流量计和活塞式流量计等。

本章重点介绍差压式流量计和电磁式流量计。

4.1 差压式流量检测

差压式流量计基于流体在通过设置于流通管道上的流动阻力件时产生的压力差与流体流量之间的确定关系，通过测量差压值求得流体流量，包括节流式流量计、靶式流量计、浮子流量计。

4.1.1 节流式流量计

节流式流量计可用于测量液体、气体或蒸汽的流量。优点是结构简单，无可动部件，可靠性高，复现性能好，适用于各种工况下的单相流体，价格低。缺点是安装要求严格，流量计前后要求较长的直管段，测量范围窄，压力损失大。

1. 节流式流量计工作原理

在管道中流动的流体具有动压能和静压能，在一定条件下这两种形式的能量可以相互转换，但参加转换的能量总和不变。用节流装置测量流量时，流体流过节流装置前后产生压力差为 $\Delta p(\Delta p=p_1-p_2)$，且流过的流量越大，节流装置前后的压差也越大，流量与压差之间存在一定关系，如图 4.1 所示。由于有能量损失，因此流出后压力不能完全恢复。

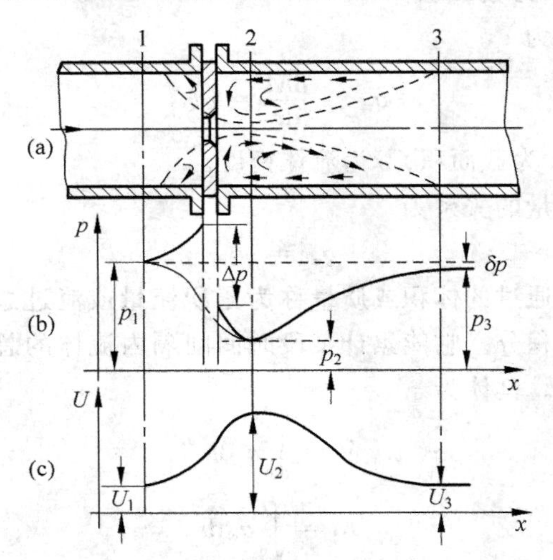

图 4.1 管道内流体流经节流装置

根据伯努利方程，有

$$p_1+\rho_1 gh_1+\frac{\rho_1 v_1^2}{2}=p_2+\rho_2 gh_2+\frac{\rho_2 v_2^2}{2} \tag{4.6}$$

对于不可压缩流体，流经节流装置后处在同一高度，上述方程可以简化为

$$\frac{p_1}{\rho_1}+\frac{v_1^2}{2}=\frac{p_2}{\rho_2}+\frac{v_2^2}{2} \tag{4.7}$$

根据质量守恒原理，有

$$A_1 v_1 \rho_1=A_2 v_2 \rho_2 \tag{4.8}$$

式中：p_1,p_2 为截面1和2上流体的静压力；v_1,v_2 为截面1和2上流体的平均流速；ρ_1，ρ_2 为截面1和2上流体的密度。

由上可知，体积流量可以按照如下公式计算：

$$q_v = v_2 A_2 = \frac{1}{\sqrt{1-(d/D)^4}} A_0 \sqrt{\frac{2}{\rho}(p_1 - p_2)}$$

$$= \frac{1}{\sqrt{1-\beta^4}} \frac{\pi}{4} d^2 \sqrt{\frac{2\Delta p}{\rho}} \tag{4.9}$$

式中：D,d 为截面1和2上流束直径。

质量流量可以按照如下公式计算：

$$q_m = \rho V_2 A_0 = \frac{1}{\sqrt{1-(d/D)^4}} A_0 \sqrt{2\rho(p_1 - p_2)} = \frac{1}{\sqrt{1-\beta^4}} \frac{\pi}{4} d^2 \sqrt{2\rho\Delta p} \tag{4.10}$$

用节流件的开孔面积代替了最小收缩截面，以及 Δp 有不同的取压位置等因素的影响，造成偏差。引入流量系数 α 进行修正。

$$q_v = \alpha A_0 \sqrt{\frac{2}{\rho}\Delta p} = \alpha \frac{\pi}{4} d^2 \sqrt{\frac{2}{\rho}\Delta p} \tag{4.11}$$

$$q_m = \alpha A_0 \sqrt{2\rho\Delta p} = \alpha \frac{\pi}{4} d^2 \sqrt{2\rho\Delta p} \tag{4.12}$$

以实际采用的某种取压方式所得到的压差 Δp 来代替$(p_1 - p_2)$的值；同时引入流出系数 C，对于可压缩流体，考虑到节流过程中流体密度的变化而引入流束膨胀系数 ε 进行修正，采用节流装置前的流体密度，对式(4.11)和式(4.12)进行修正得到：

$$q_v = CE\varepsilon \frac{\pi}{4} d^2 \sqrt{\frac{2}{\rho}\Delta p} = KCE\varepsilon d^2 \sqrt{\frac{\Delta p}{\rho}} \tag{4.13}$$

$$q_m = CE\varepsilon \frac{\pi}{4} d^2 \sqrt{2\rho\Delta p} = KCE\varepsilon d^2 \sqrt{\rho\Delta p} \tag{4.14}$$

流量公式中的流量系数 α 与节流装置的结构形式、取压方式、节流装置开孔直径、流体流动状态(雷诺数)及管道条件等因素有关。

由流量基本方程式可以看出，被测流量与差压 Δp 成平方根关系，对于直接配用差压计显示流量时，流量标尺是非线性的，为了得到线性刻度，可加开方运算电路或加开方器。如差压流量变送器带有开方运算，变送器的输出电流就与流量呈线性关系。

节流式流量计的阻力损失可用下式估算：

$$\Delta p = \frac{1-\alpha\beta^2}{1+\alpha\beta^2} \Delta p \tag{4.15}$$

2. 节流装置

1) 标准节流装置的适用条件

(1) 流体必须是牛顿流体，在物理学和热力学上是均匀的、单相的，或者可认为是单相的流体。

(2) 流体必须充满管道和节流装置且连续流动，流经节流件前流动应达到充分紊流，流束平行于管道轴线且无旋转，流经节流装置时不发生相变。

(3) 流动是稳定的或随时间缓变的。

2) 标准节流元件的结构形式

(1) 标准孔板(见图 4.2)。标准孔板是一块具有与管道同心圆形开孔的圆板，迎流一侧是有锐利直角入口边缘的圆筒形孔，顺流的出口呈扩散的锥形，结构简单，加工方便，价格便宜。但是压力损失较大，测量精度较低，只适用于洁净流体介质，测量大管径高温高压介质时，孔板易变形。

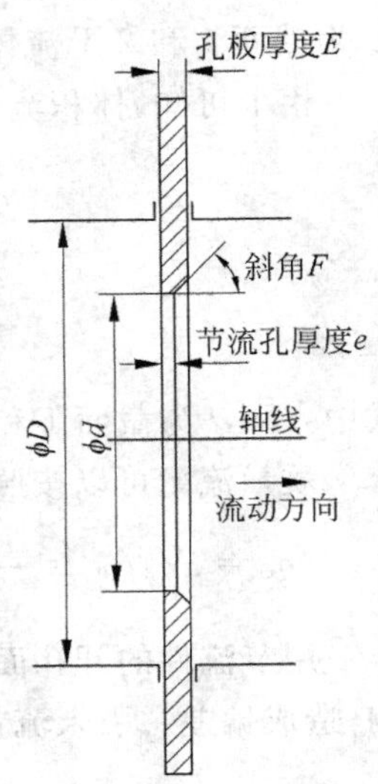

图 4.2 标准孔板

(2) 标准喷嘴(见图 4.3)。标准喷嘴是一种以管道轴线为中心线的旋转对称体，主要由入口圆弧收缩部分与出口圆筒形喉部组成。压力损失较小，测量精度较高，适用于流体收缩的类型，一般选择喷嘴用于高速的蒸汽流量测量。

(3) 文丘里管(见图 4.4)。文丘里管有两种标准型式：经典文丘里管与文丘里管喷嘴。文丘里管压力损失最低，有较高的测量精度，对流体中的悬浮物不敏感，可用于污脏流体介质的流量测量，在大管径流量测量方面应用较多。但尺寸大、笨重，加工困难，成本高，一般用在有特殊要求的场合。

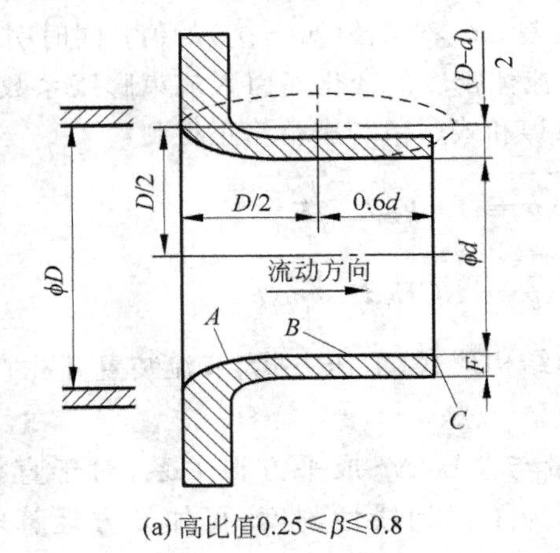

(a) 高比值0.25≤β≤0.8

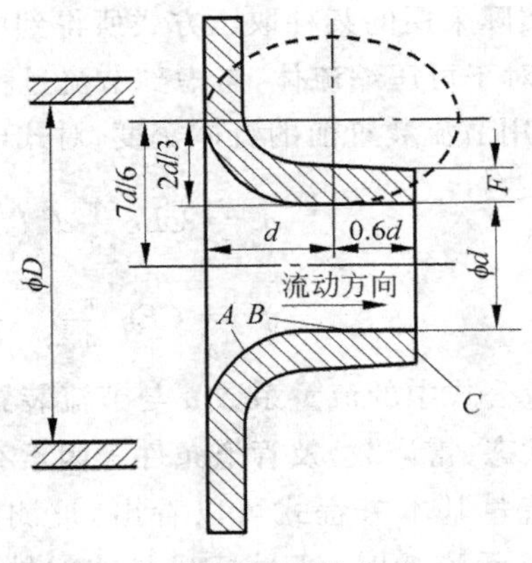

(b) 低比值0.2≤β≤0.5

图 4.3 标准喷嘴

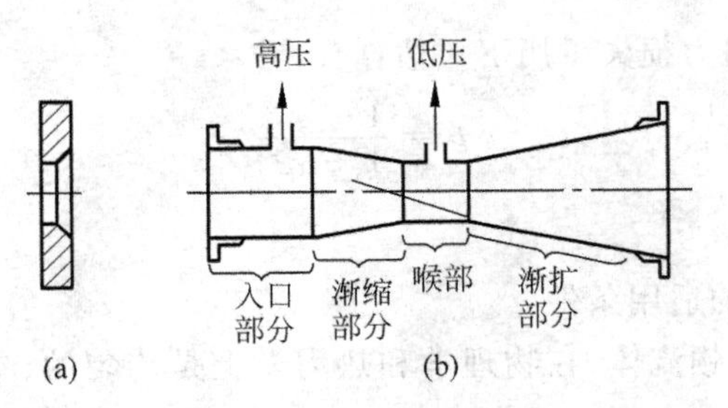

图 4.4 文丘里管

3）节流装置的取压方式(见图 4.5)

根据节流装置取压口位置可将取压方式分为理论取压、角接取压、法兰取压、径距取压与损失取压五种，如图 4.5 所示。

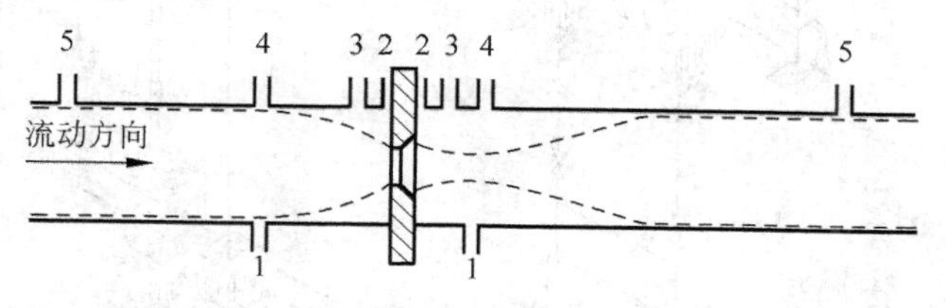

图 4.5 节流装置的取压形式

1-1—理论取压； 2-2—角接取压； 3-3—法兰取压； 4-4—径距取压； 5-5—损失取压

角接取压适用于孔板和喷嘴，分为单独取压和环式取压。法兰取压(1 英寸)和径距取压适应于孔板。

目前广泛采用的是角接取压法，其次是法兰取压法，如图 4.6 所示。角接取压法比较简便，容易实现环室取压，测量精度较高。法兰取压法结构较简单，容易装配，计算也方便，但精度较角接取压法低，如图 4.7 所示。

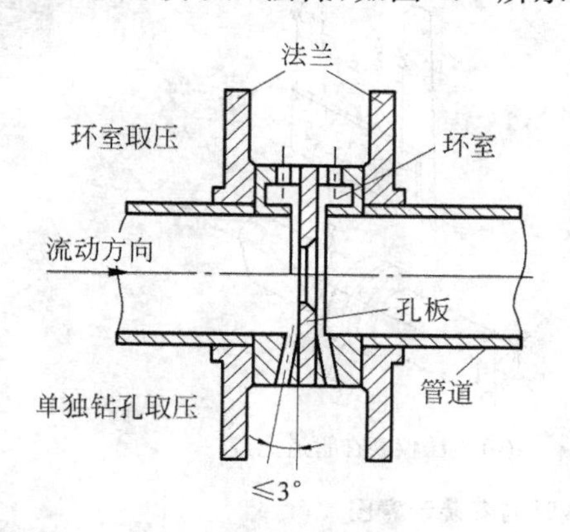

图 4.6 角接取压装置

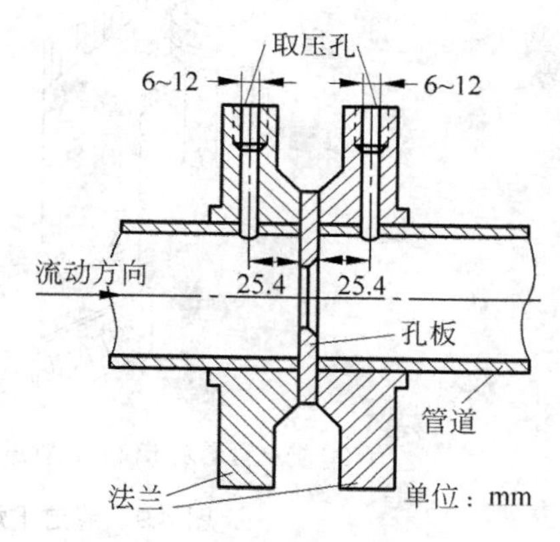

图 4.7 法兰取压装置

4）节流式流量计的安装

(1) 节流装置安装时要注意节流装置开孔必须与管道同轴，节流装置方向不能装反。管道内部不得有突入物，在节流装置附近不得安装测温元件或开设其他测压口。

(2) 引压导管应按被测流体的性质和参数要求使用耐压、耐腐蚀的管材，引压管内径不得小于 6mm，长度在 16m 以内，引压管要倾斜或垂直敷设，倾斜度不得小于 1∶12。倾斜方向视流体而定，在差压信号管路中，还有冷凝器、集气器、沉降器、隔离器、喷吹系统等附件。

被测流体为清洁液体时，导压管路安装方式如图 4.8 所示。

被测流体为清洁的干燥气体时，导压管路安装方式如图 4.9 所示。

被测流体为蒸汽时，导压管路安装如图 4.10 所示。

被测流体为洁净湿气体时，导压管路安装如图 4.11 所示。

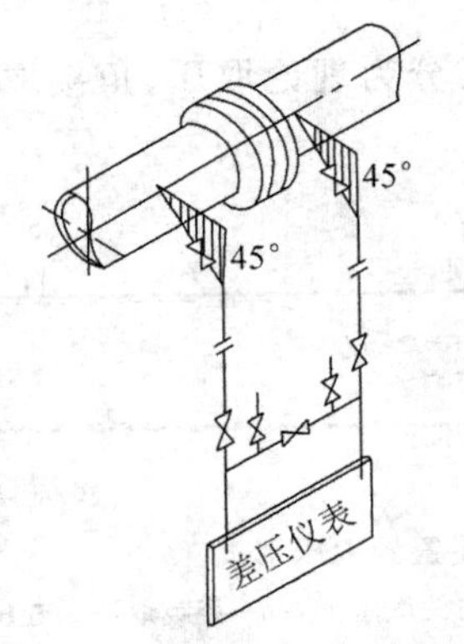

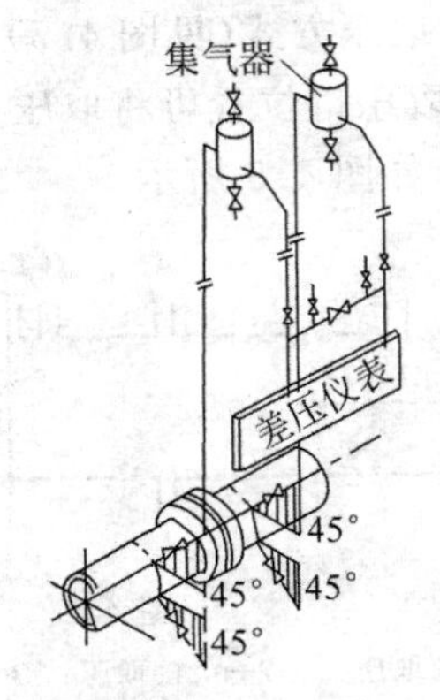

(a) 垂直管道差压仪表在管道下方　　(b) 差压仪表在管道上方

图 4.8　清洁液体时安装示意图

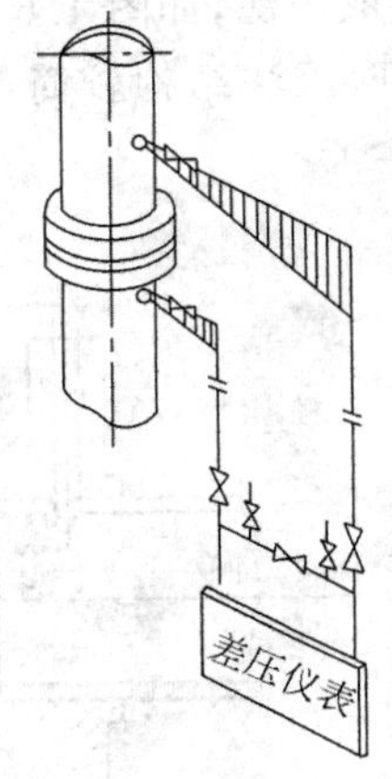

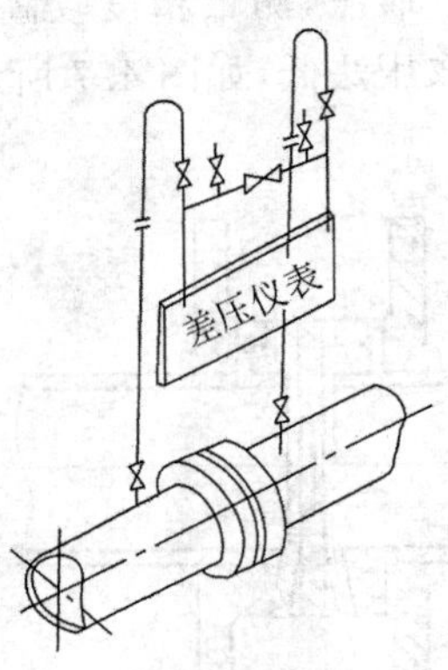

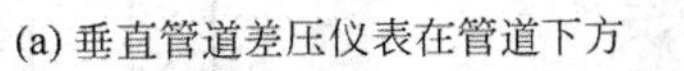

(a) 垂直管道差压仪表在管道下方　　(b) 差压仪表在管道上方

图 4.9　清洁干燥气体时的安装示意图

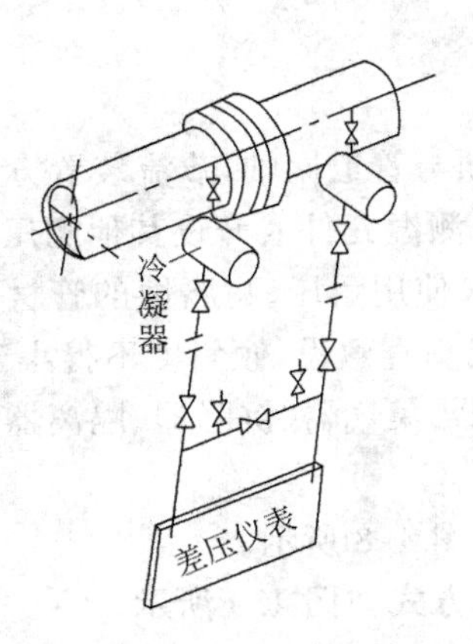

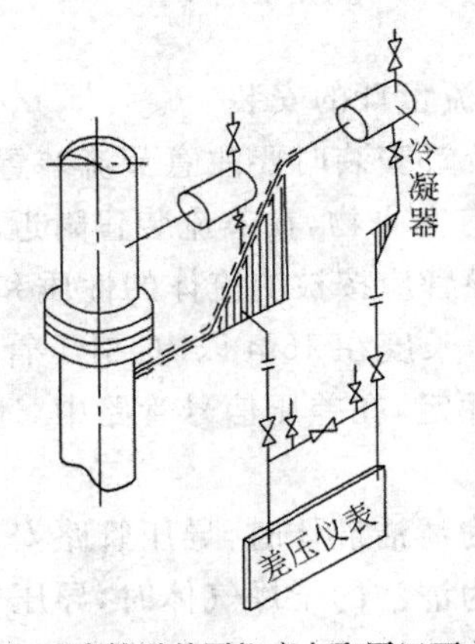

(a) 差压仪表在管道下方　　(b) 垂直管道差压仪表在取压口下方

图 4.10　测量蒸汽时的安装示意图

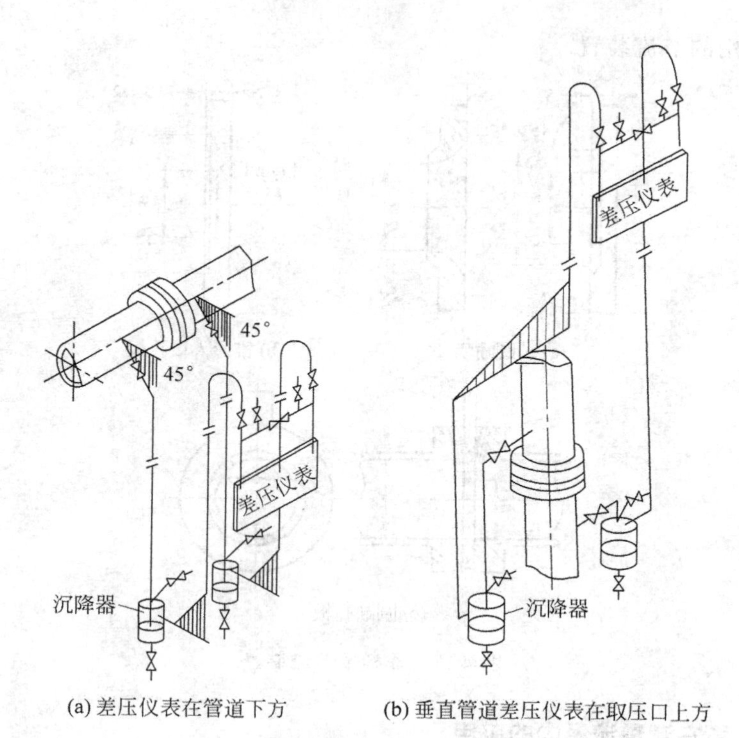

(a) 差压仪表在管道下方　　(b) 垂直管道差压仪表在取压口上方

图 4.11 测量洁净湿气体时的安装示意图

5）三阀组和五阀组

三阀组由阀体、两个截止阀及一个平衡阀组成。三阀组是由三个互相沟通的阀组成。根据每个阀在系统中所起的作用可分为高压阀，低压阀和平衡阀，中间为平衡阀。三阀组与压差变送器配套使用。作用是将正、负压测量室与引压点导通或断开；或将正、负压测量室断开或导通。平衡阀防止变送器单相受压和仪表的零点校验。三阀组测量如图 4.12 所示。

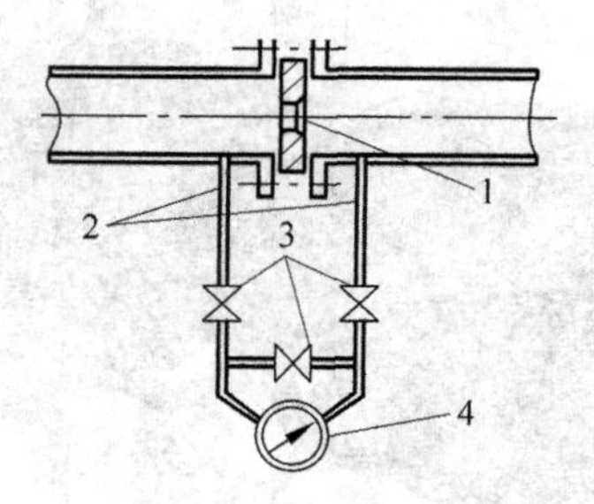

图 4.12 三阀组测量

1—节流元件；2—引压管路；3—三阀组；4—差压计

五阀组由两个切断阀、两个排放阀、一个平衡阀组成。

6）非标准节流装置

非标准节流装置(见图 4.13)指相对实验数据还不是很充分，设计制作后必须经过个别标定才能使用的节流装置。

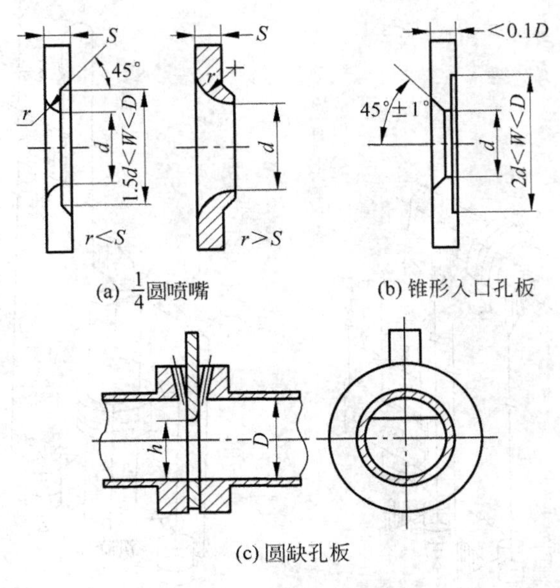

图 4.13 非标准节流装置

3. 节流装置在测量流量中的应用

图 4.14 中,通过节流装置,产生两个压力。这两个压力通过取压管和三阀组连接到第 3.1.7 小节所述的差压变送器的正、负压室。

图 4.14 节流装置在流量测量中的应用

对于准备投入的系统,按照如下步骤操作。

(1) 在管道由初始状态(空)加入介质时,传感器两侧压力会突然变化,压差增大,应先关闭传感器两侧的阀 A、B,打开旁通阀 C。

(2) 在介质充满管道,并趋近平稳、平衡后,逐渐打开阀 A、B,使传感器两侧均匀施加压力。

(3) 最后关闭阀 C,传感器开始正常工作;

(4) 关闭顺序与上述情况相反。

差压变送器将获得相应的差压,然后送到开方计算器进行开方;不少差压变送器具有开方的功能。根据式(4.13)和式(4.14),开方后的结果与流量成正比。

4.1.2 靶式流量计

靶式流量计于20世纪60年代开始应用于工业流量测量,是一种适用于测量高黏度、低雷诺数流体流量的流量测量仪表,例如用于测量重油、沥青、含固体颗粒的浆液及腐蚀性介质的流量。缺点是压力损失大,测量精度不高。

靶式流量计主要由检测装置、力转换器、信号处理和显示仪几部分组成。检测装置包括测量管和靶板,力转换器为应变计式传感器,信号处理和显示仪可以就地直读显示或远距标准信号传输等。靶式流量计的结构形式可分为管道式、夹装式和插入式等。

靶式流量计测量原理如图 4.15 所示。

在测量管(仪表壳体)中心同轴放置测量受力元件,当被测介质以一定速度(m/s)流动时,其自身产生相对应的动能及其流速在受力元件的分离产生压差而形成的作用力(这个力反映了液体流量的大小)直接作用于受力元件。由于受力元件与传感器刚性连接,传感器也就直接受到流体动能和差压产生的作用力 F,它与流速 v、介质密度 ρ 和受力元件的受力面积 A 之间的关系式如下:

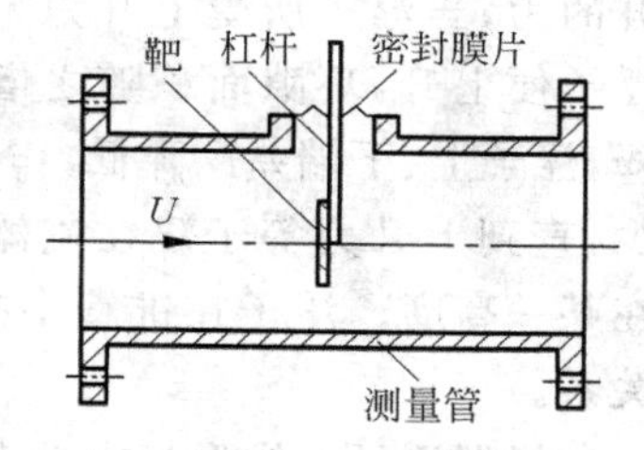

图 4.15 靶式流量计结构

$$F=\frac{C_D\rho v^2 A}{2} \tag{4.16}$$

式中:F 为受力元件上受的力;C_D 为阻力系数;ρ 为流体密度,kg/m^3;v 为流体流速,m/s。A 为受力元件的受力面积,$A=\frac{\pi}{4}(D^2-d^2)$。

由上分析可知,

$$v=\sqrt{\frac{2F}{\rho A C_D}} \tag{4.17}$$

体积流量为

$$q_v=A_0 v=K_a\frac{D^2-d^2}{d}\sqrt{\frac{\pi}{2}}\sqrt{\frac{F}{\rho}} \tag{4.18}$$

式中:D 为管道直径;d 为受力面积直径。也可表示为

$$q_v=A_0 v=K_a D\left(\frac{1}{\beta}-\beta\right)\sqrt{\frac{\pi}{2}}\sqrt{\frac{F}{\rho}} \tag{4.19}$$

式中:β 为直径比 d/D,因此,质量流量为

$$q_m = \rho q_v = K_a D\left(\frac{1}{\beta} - \beta\right)\sqrt{\frac{\pi}{2}}\sqrt{F\rho} \tag{4.20}$$

作用于靶上的推力通过杠杆系统转变为力矩送到力平衡变送器，由其转变为电流信号之后输出，以达到测量流量的目的。

现代不少靶式流量计采用电容式测力方法，真正实现高精度、高稳定性，彻底改变了原有应变式靶式流量计温漂大、抗过载(冲击)能力差，存在静态密封点等种种限制，不但发挥了靶式流量计原有的技术优势，同时又具有与容积式流量计相媲美的测量准确度。

4.1.3 浮子流量计

浮子流量计是以浮子在垂直锥形管中随着流量变化而升降，改变它们之间的流通面积进行测量的体积流量仪表，称为恒压降变截面流量计，又称转子流量计。适用于中小管径、中小流量和较低雷诺系数的流量测量。特点是结构简单，使用维护方便，压力损失小而且恒定，对仪表前后直管段要求不高；测量范围宽，刻度为线性。

如图 4.16 所示，被测流体从下向上经过锥形管和浮子形成的流通环隙时，浮子上、下端产生差压形成浮子上升的力，当浮子所受上升力大于浸在流体中浮子重量时，浮子便上升，环隙面积随之增大，环隙处流体流速立即下降，浮子上、下端差压降低，作用于浮子的上升力也随之减少，直到上升力等于浸在流体中浮子重量时，浮子便稳定在某一高度。浮子在锥管中的高度和通过的流量有对应关系。

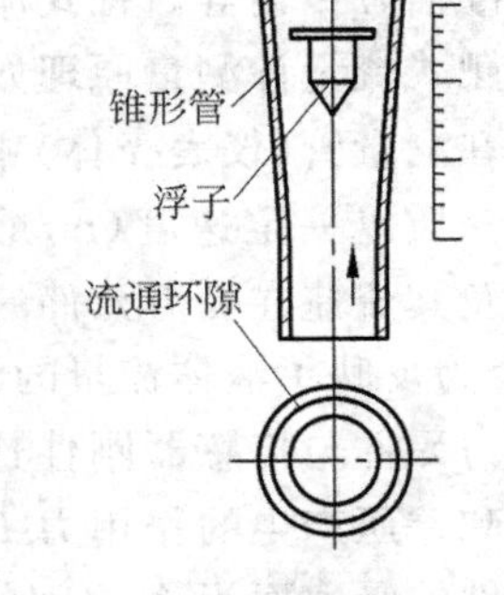

图 4.16 浮子流量计工作原理

根据浮子在锥形管中受力条件，得

$$\Delta p A_f = V_f(\rho_f - \rho)g \tag{4.21}$$

式中：Δp 为压差；A_f，V_f 为浮子的截面积和体积；ρ_f，ρ 为浮子密度和流体的密度。

由式(4.21)得

$$\Delta p = \frac{V_f(\rho_f - \rho)g}{A_f} \tag{4.22}$$

再由式(4.11)得到节流流量方程：

$$q_v = \alpha A_0\sqrt{\frac{2gV_f(\rho_f - \rho)}{\rho A_f}} \tag{4.23}$$

式中：A_0 为环隙面积。

浮子流量计的安装和使用如下。

(1) 绝大部分浮子流量计必须垂直安装在无振动的管道上，不应有明显的倾斜，流体自下而上流过仪表。

(2) 用于测污脏流体的安装，应在仪表上游装过滤器。带有磁性耦合的金属管浮子流量计用于可能含铁磁性杂质流体时，应在仪表前装磁过滤器。

(3) 对于有脉动的液体，如拟装仪表位置的上游有往复泵或调节阀，或下游有大负荷变化等，应改换测量位置或在管道系统予以补救改进，如加装缓冲罐；若是仪表自身的振荡，如测量时气体压力过低，仪表上游阀门未全开，调节阀未装在仪表下游等原因，应针对性改进克服，或改选用有阻尼装置的仪表。

4.2 电磁式流量计

电磁流量计是利用法拉第电磁感应定律制成的一种测量导电液体体积流量的仪表。常见的电磁流量计如图 4.17 所示。图 4.17(a)是分体式电磁流量计，其传感器和处理电路分立，二者之间用电缆连接；图 4.17(b)是一体式电磁流量计，传感器和处理电路在一块仪表内。

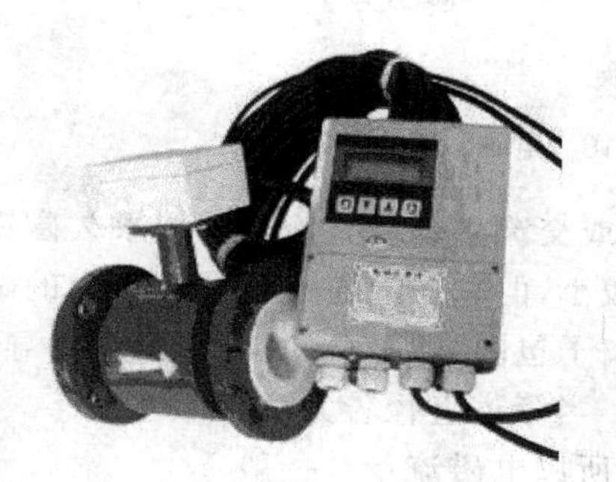

(a) 分体式电磁流量计　　(b) 一体式电磁流量计

图 4.17　电磁流量计

4.2.1 电磁式流量计的特点和结构

1. 电磁流量计的特点

电磁式流量计的优点如下。

(1) 不产生因检测流量所形成的压力损失，仪表的阻力仅是同一长度管道的沿程阻力，节能效果显著，对于要求低阻力损失的大管径供水管道最为适合。

(2) 所测得的体积流量实际上不受流体密度、黏度、温度、压力和电导率(只要在某阈值以上)变化明显的影响。

(3) 与其他大部分流量仪表相比，对前置直管段要求较低。

(4) 测量范围度大，通常为 20∶1～50∶1，可选流量范围宽。满度值液体流速可在 0.5～10m/s 内选定。

(5) 口径范围比其他品种流量仪表宽，从几毫米到 3m。可测正反双向流量，也可测脉动流量，只要脉动频率低于激磁频率很多，仪表输出本质上是线性的。

(6) 可应用于腐蚀性流体。

电磁式流量计的缺点如下。

(1) 不能测量电导率很低的液体，如石油制品和有机溶剂等；不能测量气体、蒸汽和含有较多较大气泡的液体。

(2) 通用型电磁流量计由于衬里材料和电气绝缘材料限制，不能用于较高温度的液体；有些型号仪表用于测低于室温的液体，因测量管外凝露(或霜)而破坏绝缘。

2. 电磁流量计的结构

电磁流量计主要由磁路系统、测量导管、电极、外壳、转换器和衬里等部分组成，如图 4.18 所示。

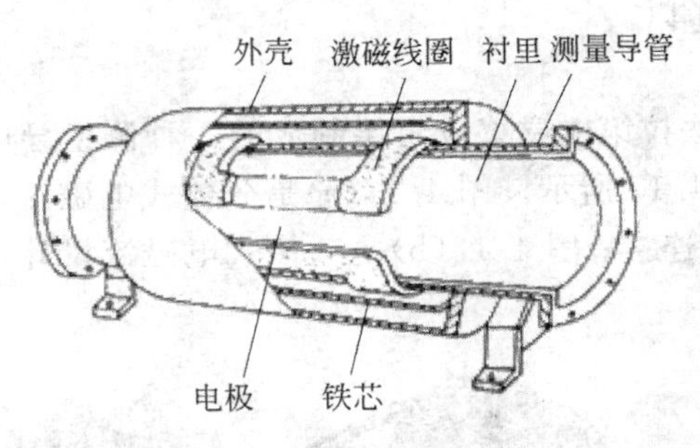

图 4.18 电磁流量计结构

磁路系统作用是产生均匀的直流或交流磁场。直流磁路用永久磁铁来实现，其优点是结构比较简单，受交流磁场的干扰较小，但它易使通过测量导管内的电解质液体极化，使正电极被负离子包围，负电极被正离子包围，即电极的极化现象，并导致两电极之间内阻增大，因而严重影响仪表正常工作。当管道直径较大时，永久磁铁相应也很大，笨重且不经济，所以电磁流量计一般采用交变磁场，且是 50Hz 工频电源激励产生的。

测量导管作用是让被测导电性液体通过。为了使磁力线通过测量导管时磁通量被分流或短路，测量导管必须采用不导磁、低导电率、低导热率和具有一定机械强度的材料制成，可选用不导磁的不锈钢、玻璃钢、高强度塑料、铝等。

电极作用是引出和被测量成正比的感应电势信号。电极一般用非导磁的不锈钢制成，且被要求与衬里齐平，以便流体通过时不受阻碍。它的安装位置宜在管道的垂直方向，以防止沉淀物堆积在上面而影响测量精度。电磁流量计的工作原理如图 4.19 所示。

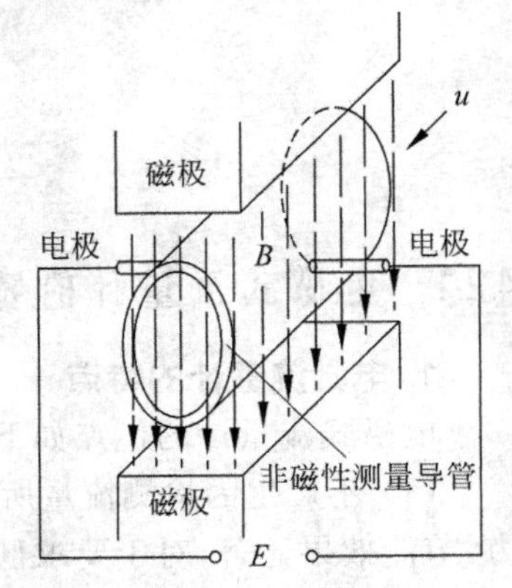

图 4.19 电磁流量计工作原理

外壳由铁磁材料制成，用于隔离外磁场的干扰。

测量导管电极的输出感应电势信号十分微弱，受各种干扰因素的影响很大，转换器的作用就是将感应电势信号放大并将其转换成统一的标准信号，且要抑制主要的干扰信号。

测量导管的内侧有一层完整的电绝缘衬里，它直接接触被测液体，其作用是增加测量导管的耐腐蚀性，防止感应电势被金属测量导管管壁短路。材料多为耐腐蚀、耐高温、耐磨的聚四氟乙烯塑料、陶瓷等。

电磁流量计的后续电路把电极检测到的感应电势信号放大转换后变成统一的标准直流信号。

4.2.2　电磁流量计工作原理

1. 基本工作原理

电磁流量计是电磁感应定律的具体应用，当导电的被测介质垂直于磁力线方向流动时，在与介质流动和磁力线都垂直的方向上产生一个感应电动势 E。电势 E 与流速的关系为

$$E = CBDv \tag{4.24}$$

式中：C 为常数；B 为磁感应强度；D 为管道内径；v 为流体平均速度。

$$q_v = \frac{\pi D^2}{4} v = \frac{\pi D}{4CB} E = \frac{E}{K} \tag{4.25}$$

从式(4.25)可以看出，电磁流量计的输出电动势与体积流量成正比，式中 K 为仪表常数。

2. 实际工作原理

电磁流量计的工作主要由转换器来完成。转换器电路结构如图 4.20 所示。

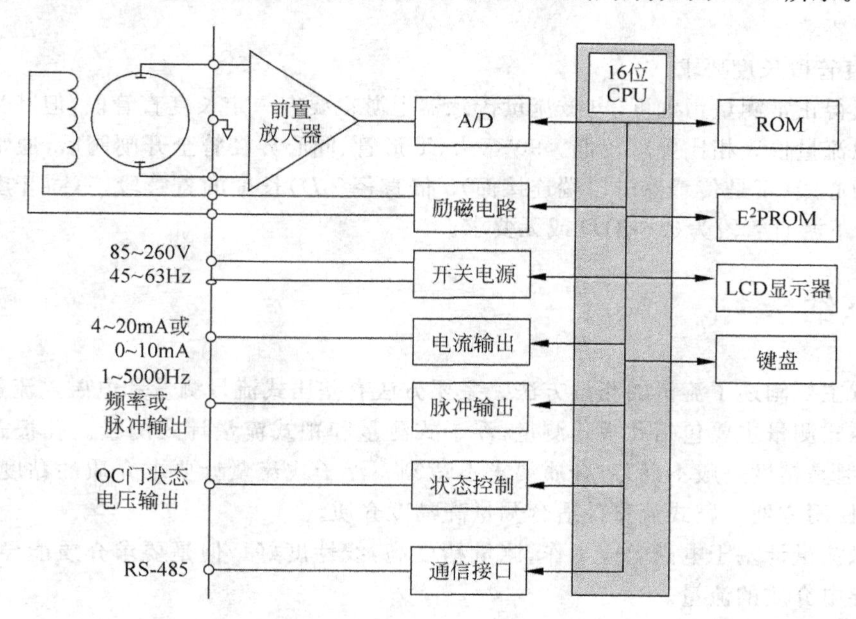

图 4.20　转换器电路结构

电磁流量转换器一方面向电磁流量传感器励磁线圈提供稳定的励磁电流，以达到激励磁感应强度 B 是个常量；同时把传感器感应的电动势放大，转换成标准的电流信号或频率信号，便于流量的显示、控制与调节。

4.2.3　电磁流量传感器安装

1）安装场所

通常电磁流量传感器外壳防护等级为 IP65(GB 4208 规定的防尘防喷水级)，对安装

场所有以下要求。

(1) 测量混合相流体时,选择不会引起相分离的场所;测量双组分液体时,避免装在混合尚未均匀的下游;测量化学反应管道时,要装在反应充分完成段的下游。

(2) 尽可能避免测量管内变成负压。

(3) 选择震动小的场所,特别是对一体型仪表。

(4) 避免附近有大电机、大变压器等,以免引起电磁场干扰。

(5) 易于实现传感器单独接地的场所。

(6) 尽可能避开周围环境有高浓度腐蚀性气体。

(7) 环境温度在−25/−10~50/600℃范围内,一体形结构温度还受制于电子元器件,范围要窄些。

(8) 环境相对湿度在10%~90%范围内。

(9) 尽可能避免受阳光直照。

(10) 避免雨水浸淋,不会被水浸没。

如果防护等级是IP67(防尘防浸水级)或IP68(防尘防潜水级),则无须上述(8)、(10)两项要求。

2) 直管段长度要求

为获得正常测量精确度,电磁流量传感器上游也要有一定长度直管段,但其长度与大部分其他流量仪表相比要求较低。90°弯头、T形管、同心异径管全开闸阀后,通常认为要离电极中心线(不是传感器进口端连接面)5倍直径($5D$)长度的直管段,不同开度的阀则需$10D$;下游直管段为$(2\sim3)D$或无要求。

本章小结

本章主要阐述了流量的测量方法。主要方法有差压式流量测量和电磁式流量测量。

差压式测量主要包括孔板式测量、浮子式测量和靶式流量计式测量。孔板式测量的价格低,但是精度一般不高,对介质要求不苛刻。浮子式流量计要求介质的黏度低,雷诺系数低,使用方便。靶式流量计适合测量高黏度介质。

电磁流量计基于电磁效应工作,测量精度高,线性度好。但是要求介质能导电,不能测量不导电介质的流量。

思考题与习题

1. 孔板式测量流量的原理是什么?
2. 孔板式测量可压缩气体如何修正?
3. 浮子式流量计的工作原理是什么?
4. 靶式流量计的工作原理是什么?能测量高黏度液体吗?
5. 证明电磁流量计的理论输出和流量之间呈线性关系。电磁流量计能测量不导电液体吗?为什么?

CHAPTER 5 第 5 章

物位和位移检测

物位指容器中液体介质的液位、固体或颗粒物的料位和两种不同液体介质分界面的总称。液位指容器中液体介质的高低。料位指容器中固体或颗粒物的堆积高度。

物位和位移的检测通常可以分为接触式和非接触式。

5.1 超声波式物位检测

近些年,超声技术的研究不断深入,而且由于其具有高精度、无损、非接触等优点,使得它的应用变得越来越普及。目前已广泛应用在机械制造、电子冶金、航海、航空、宇航、石油化工、交通等工业领域。此外,在材料科学、医学、生物科学等领域中也占据重要地位。

我国关于超声的大规模研究始于1956年。迄今,在超声的各个领域都开展了研究和应用,其中有些项目已接近或达到国际水平。

超声波指向性强,能量消耗缓慢,在介质中传播的距离较远,因而超声波经常用于距离的测量,如测距仪和物位测量仪等都可以通过超声波来实现。利用超声波检测往往比较迅速、方便、计算简单、易于做到实时控制,并且在测量精度方面能达到工业实用的要求,因此在移动机器人的研制上也得到了广泛的应用。

为了研究和利用超声波,人们已经设计和制成了许多超声波发生器。总体上讲,超声波发生器可以分为两大类:一类是用电气方式产生超声波,另一类是用机械方式产生超声波。电气方式包括压电型、磁致伸缩型和电动型等;机械方式有加尔统笛、液哨和气流旋笛等。它们产生的超声波频率、功率和声波特性各不相同,因而用途也各不相同。目前较常用的是压电式超声波发生器。

压电式超声波发生器利用压电晶体的谐振工作,其外形和内部结构分别如图5.1和图5.2所示。它有两个压电晶片和一个共振板。当它的两极外加脉冲信号,其频率等于压电晶片的固有振荡频率时,压电晶片将会发生共振,并带动共振板振动,产生超声波,这个过程称为逆压电效应。反之,如果两电极间未外加电压,当共振板接收到超声波时,将压迫压电晶片振动,将机械能转换为电信号,这时它就成为超声波接收器了。这个过程称为正压电效应。

市场上,常见的超声波传感器的谐振频率一般为40kHz。

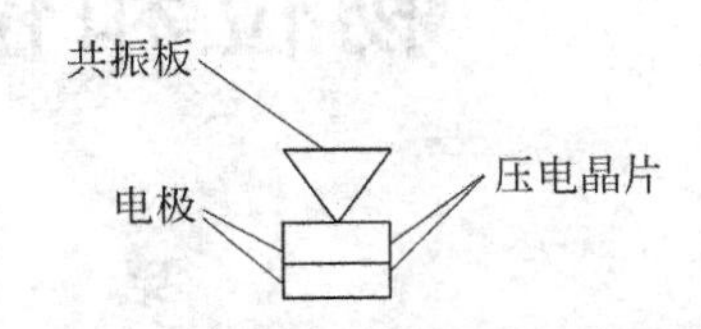

图 5.1 压电式超声波发生器外形　　图 5.2 压电式超声波发生器内部结构

5.1.1 超声波测距原理

超声波发射器向某一方向发射超声波，在发射的同时开始计时，超声波在空气中传播，途中碰到障碍物就立即返回来，超声波接收器收到反射波就立即停止计时。假设超声波在空气中的传播速度为 v，往返时间为 t，则发射点到障碍物的距离为

$$s = vt/2 \tag{5.1}$$

声速首先与大气的吸收性有关，其次与温度、湿度和大气压有关，而这些因素对大气中声波衰减的效果比较明显。声速和温度的关系可以用以下公式表示：

$$v = 331.45 + 0.61T \tag{5.2}$$

式中：T 为摄氏温度。

式(5.2)中超声波的传播速度与空气温度有关，如果在传输路径上温度变化不大，则可认为声速是基本不变的。在 15℃时，声速约为 340m/s。

5.1.2 超声波发射驱动的硬件实现

1. 40kHz 方波的产生电路

产生 40kHz 方波的典型方法是基于 555 振荡器。它的输出周期为

$$T = 0.7(R_1 + 2R_2)C \tag{5.3}$$

在图 5.3 中，实现 40kHz 方波的产生。

2. 电压倍增电路

由于超声波传感器是典型的电压型器件，因此，当电压增加一倍，发射功率也随之增加。但是直接电压增加往往受到各种条件制约。

图 5.4 是基于 CD4069 的反向器间接形式的电压倍增电路。当输入为高或低时，两个输出端的电压差值也发生正或负变化，等效于将输出电压倍增，有效增加了检测距离。

5.1.3 超声波测距模块

实际应用中，为了避免第 5.1.2 小节中设计烦琐和出现失误，市场上提供了超声波测

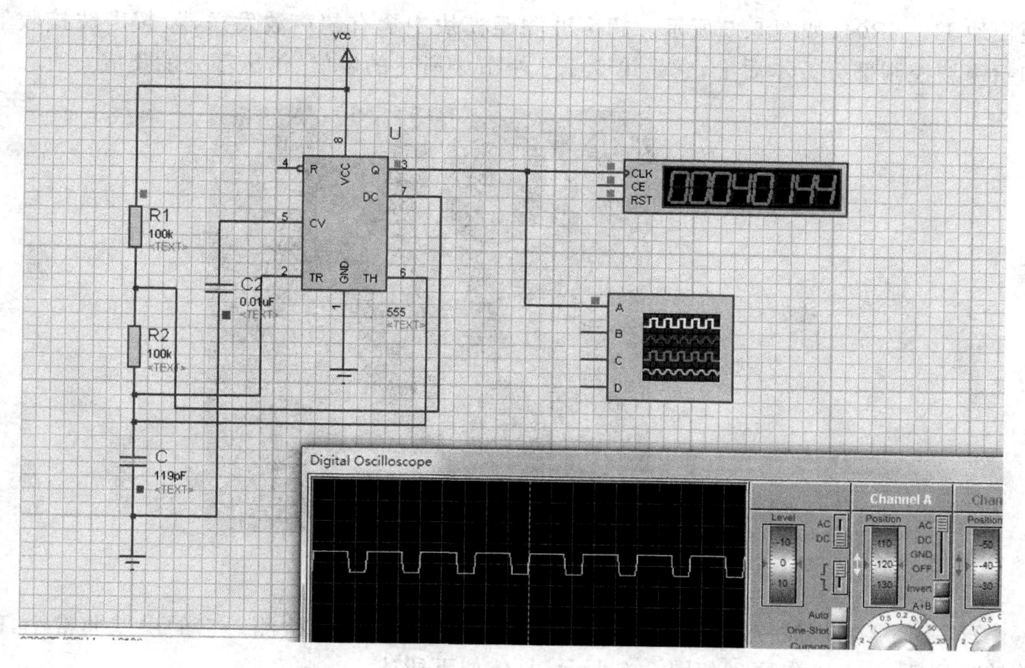

图 5.3　基于 555 振荡器的 40kHz 方波

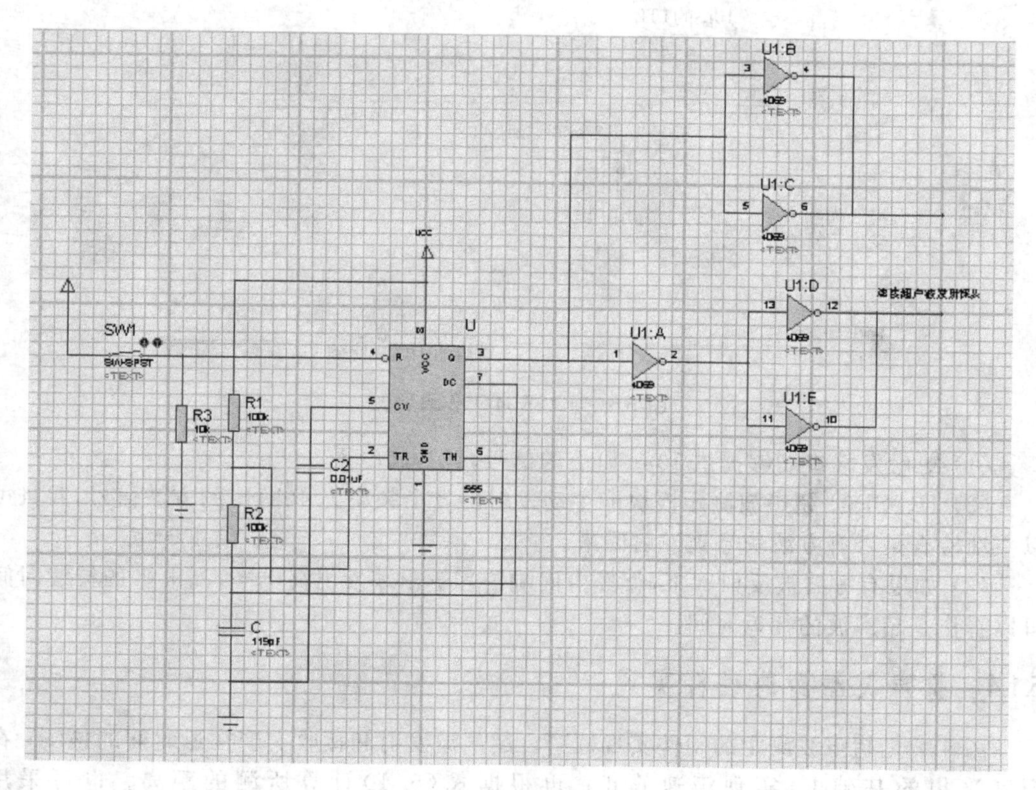

图 5.4　电压倍增电路

距模块 HC-SR04，如图 5.5 所示。超声波测距模块中含有超声波发送器、超声波接收器和超声波控制部分。本质上，它是第 5.1.2 小节中所述的发射、倍压部分的集成。

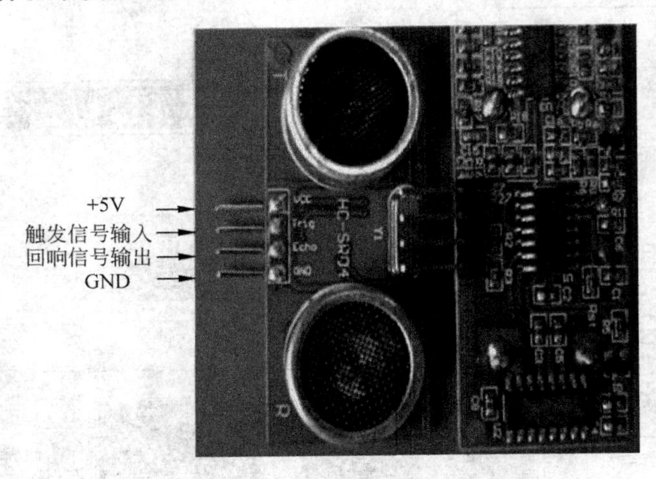

图 5.5 HC-SR04 超声波测距模块

HC-SR04 超声波测距模块能够实现 2～400cm 范围内的检测。它的误差非常小，能够精确到 3mm。工作原理如图 5.6 所示，具体如下所述。

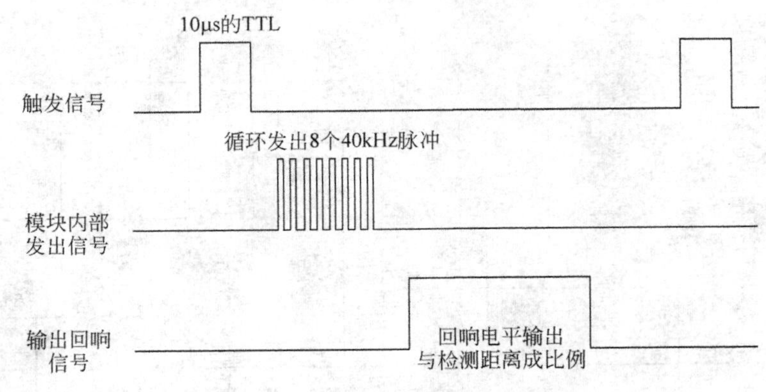

图 5.6 HC-SR04 工作原理图

(1) 对触发端口能够提供 10μs 以上的信号，且为高电平。

(2) HC-SR04 超声波测距模块能主动发射出 8 个频率为 40kHz 的方波信号，并且可以主动检查是否有方波信号被发射回来。

(3) 如果有方波被反射回来，就经由回响信号输出端发出高电平，高电平的持续时间可以看作是超声波的往返时间。

5.1.4 超声波测距的硬件实现

图 5.7 是超声波测距的硬件实现框图。超声波发射和接收实现往返时间的检测；在温度采集的基础上，实现声速修正；再根据式(5.1)计算所测的距离。也可采用 HC-SR04 获得往返时间，简化电路设计。

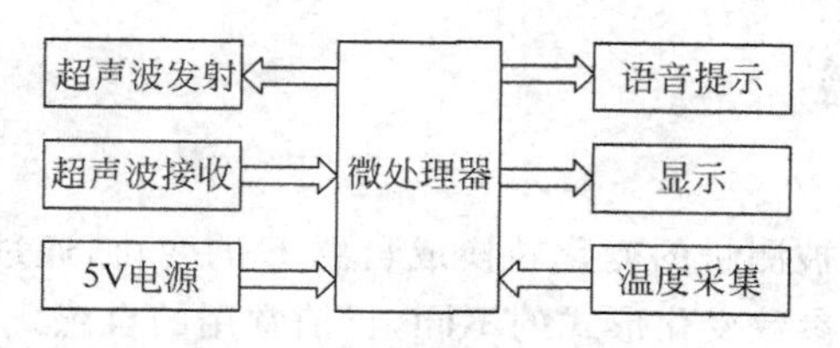

图 5.7 超声波测距的硬件实现框图

5.1.5 基于超声波的物位检测

图 5.8 是超声波物位检测的原理。图 5.8(a)是超声波物位计的实物图，下端为超声波的发送和接收探头，检测超声往返时间。图 5.8(b)是检测原理图，图中，假设超声波传感器获得安装位置到液面的距离为 d，罐体的高度为 H，则液位的高度 h 为

$$h = H - d \tag{5.4}$$

式中：罐体的高度值 H 要预先由用户操作，保存在超声波物位计的 E^2PROM 中。

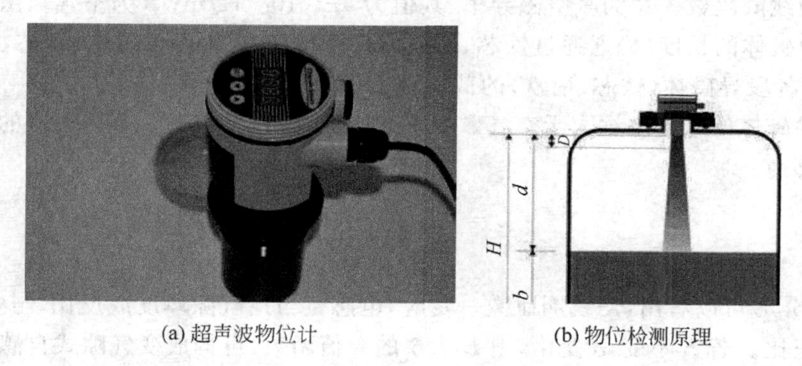

(a) 超声波物位计　　(b) 物位检测原理

图 5.8 超声波物位检测

5.2 电感式传感器

电感式传感器建立在电磁感应的基础上，利用线圈自感或互感的改变实现非电量的检测。它可以把输入物理量，如位移、振动、压力、流量、比重、力矩、应变等参数的变化转换为线圈的自感系数 L、互感系数 M 的变化，再由测量电路转换为电流或电压的变化。因此，它能实现信息远距离传输、记录、显示和控制，在工业自动控制系统中被广泛采用。

电感式传感器具有结构简单、工作可靠、抗干扰能力强、输出功率较大、分辨力较高、示值误差小(一般为示值范围的 0.1%～0.5%)、稳定性好等一系列优点；主要缺点是灵敏度、线性度和测量范围相互制约，传感器自身频率响应低，不适用于快速动态测量。

电感式传感器的种类很多，本章主要介绍利用自感原理的自感式传感器(通常称为电感式传感器)、利用互感原理的互感式传感器(通常称为差动变压器式传感器)和利用涡流原理的电涡流式传感器。

5.2.1 自感式传感器

1. 工作原理

自感式传感器是把被测量的变化转换成自感 L 的变化，通过转换电路转换成电压或电流输出。按磁路几何参数变化形式的不同，目前常用的自感式传感器有变气隙式、变截面积式和螺线管式三种。

如图 5.9 所示是自感式传感器的原理图。图 5.9(a)是变气隙式自感传感器的结构原理图，它由线圈、铁芯、衔铁三部分组成，在铁芯与衔铁之间有气隙，厚度为 δ，被测物理量的运动部分与衔铁相连，当传感器的衔铁产生位移时，线圈的自感 L 也会发生变化。

如果空气隙 δ 较小，且不考虑磁路的铁损，则线圈的自感可按下式计算：

$$L=\frac{N^2}{\sum_{i=1}^{n}\frac{l_i}{\mu_i S_i}+\frac{2\delta}{\mu_0 S}} \tag{5.5}$$

式中：N 为线圈匝数；μ_0 为真空磁导率，其值为 $4\pi\times10^{-7}$ H/m；S 为空气隙磁通截面积；l_i 为各段导磁体的长度(磁通通过铁芯、衔铁的长度)；μ_i 为各段导磁体(铁芯、衔铁)的磁导率；S_i 为各段导磁体(铁芯、衔铁)的截面积。

因为导磁体的磁导率远大于空气磁导率，即气隙磁阻远大于铁芯和衔铁的磁阻，所以线圈的自感为

$$L=\frac{N^2}{\frac{2\delta}{\mu_0 S}}=\frac{N^2\mu_0 S}{2\delta} \tag{5.6}$$

由式(5.6)可以看出，当线圈匝数一定时，电感量与空气隙厚度成反比，与空气隙相对截面积成正比。若 S 不变，δ 变化，则 L 为 δ 的单值函数，可构成变气隙式自感传感器，如图 5.9(a)所示。若 δ 不变，S 变化，则可构成变截面积式自感传感器，如图 5.9(b)所示。若线圈中放入圆柱形衔铁，则是一个可变自感，当衔铁上、下移动时，自感量将相应发生变化，这就构成了螺线管式自感传感器，如图 5.9(c)所示。

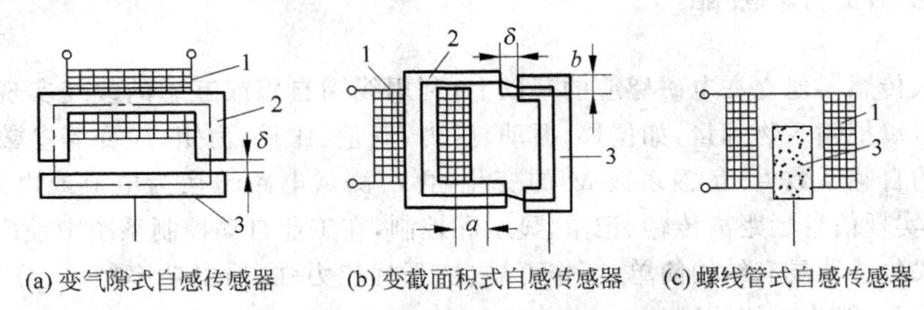

图 5.9 自感式传感器原理图

1—线圈；2—铁芯；3—衔铁

上述自感传感器，虽然结构简单，运行方便，但也有缺点，如自感线圈流往负载的电流不可能等于 0，衔铁永远受到吸力，线圈电阻受温度影响，有温度误差，不能反映被测量的变化方向等，因此在实际中应用较少，而常采用差动自感传感器。差动自感传感器对干扰、电磁吸力有一定补偿的作用，还能改善特性曲线的非线性。

如图 5.10 所示为差动变隙式电感传感器的原理结构图。由图可知，差动变隙式电感传感器由两个相同的电感和磁路组成。测量时，衔铁通过导杆与被测位移量相连，当被测体上、下移动时，导杆带动衔铁也以相同的位移上、下移动，使磁回路中磁阻发生大小相等、方向相反的变化，导致一个线圈的电感量增加，另一个线圈的电感量减小，形成差动形式。当差动使用时，两个电感线圈接成交流电桥的相邻桥臂，另两个桥臂由电阻组成，电桥输出电压与 ΔL 有关。

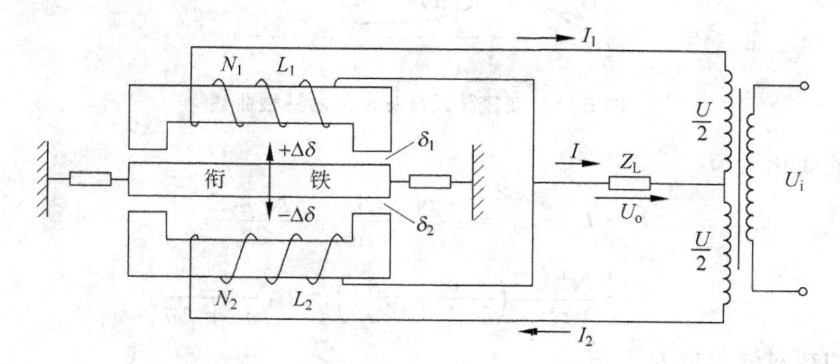

图 5.10 差动变隙式自感传感器的原理结构

差动变隙式自感传感器的工作原理如下。

初态时若结构对称，且衔铁居中，则 $\delta_1=\delta_2$，则 $L_1=L_2$，$I_1=I_2\to I=0\to U_o=0$。

衔铁上移时，有

$$\begin{cases}\delta_1\downarrow\ \to L_2\uparrow\ \to I_2\downarrow\ = I_1-\Delta I\\ \delta_2\uparrow\ \to L_2\downarrow\ \to I_2\uparrow\ = I_2+\Delta I\\ I=I_2\uparrow-I_1\downarrow\ =(I_2+\Delta I)-(I_1-\Delta I)=2\Delta I\\ U_o=IZ_L=2\Delta IZ_L\end{cases}\tag{5.7}$$

衔铁下移时，与上类似，有

$$U_o=IZ_L=-2\Delta IZ_L\tag{5.8}$$

由以上分析可得，衔铁位移时，输出电压的大小和极性将跟随位移的变化而变化。输出电压不但能反映位移量的大小，而且能反映位移的方向。由前面的推导可知，输出电压正比于 ΔI，因而灵敏度较高，非线性减小。

2. 电感计算及输出特性分析

根据式(5.6)，变气隙式自感式传感器特性曲线如图 5.11 所示，可以看出，电感和气隙间距 $\Delta\delta$ 不是线性的，而是一个双曲线。当 $\Delta\delta$ 为 0 时，L 为∞，如果考虑到导磁体的磁阻，即当 $\Delta\delta$ 为 0 时，L 不等于∞，而是有一定的数值，其曲线在 $\Delta\delta$ 较小时，如上、下移动衔铁使面积 S 改变，从而改变 L 值时，则 L 与 S 的理想特性为一条直线。如图 5.11 所示。

设传感器初始气隙为 δ_0，初始电感量为 L_0，衔铁位移引起的气隙变化量为 $\Delta\delta$，由式(5.6)可知，ΔL 与 $\Delta\delta$ 之间是非线性关系。初始电感量为

$$L_0=\frac{N^2\mu_0 S}{2\delta_0}\tag{5.9}$$

为了保证一定的测量范围和线性度，一般取 $\Delta\delta=(0.1\sim 0.2)\delta$。

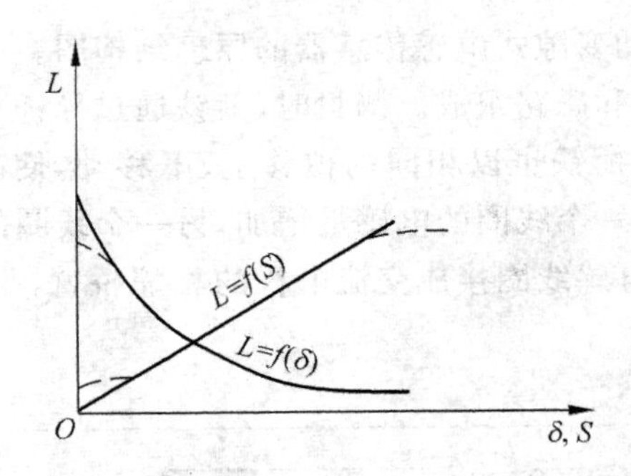

图 5.11 变气隙式自感传感器特性曲线

电感的变化量为

$$\Delta L = L - L_0 = \frac{N^2 \mu_0 S}{2(\delta_0 + \Delta\delta)} - \frac{N^2 \mu_0 S}{2\delta_0} \tag{5.10}$$

$$= \frac{N^2 \mu_0 S}{2\delta_0}\left(\frac{\delta_0}{\delta_0 + \Delta\delta} - 1\right) = L_0 \frac{-\delta_0}{\delta_0 + \Delta\delta} \tag{5.11}$$

电感的相对变化量为

$$\frac{\Delta L}{L_0} = \frac{-\delta_0}{\delta_0 + \Delta\delta} = \frac{-\delta_0}{\delta_0} \frac{1}{1 + \dfrac{\Delta\delta}{\delta_0}} \tag{5.12}$$

式(5.12)用泰勒级数展开成如下的级数形式，即

$$\frac{\Delta L}{L_0} = -\frac{\Delta\delta}{\delta_0}\left[1 - \frac{\Delta\delta}{\delta_0} + \left(\frac{\Delta\delta}{\delta_0}\right)^2 - \cdots\right] \tag{5.13}$$

当$\dfrac{\Delta\delta}{\delta} \ll 0$时，忽略高次项，有

$$\frac{\Delta L}{L_0} = -\frac{\Delta\delta}{\delta_0} \tag{5.14}$$

式(5.14)中，负号表示若气隙增大，则电感减小；若气隙减小，则电感增大。由式(5.14)可知，变气隙式自感传感器的灵敏度为

$$K = \left|\frac{\Delta L / L_0}{\Delta\delta}\right| = \frac{1}{\delta_0} \tag{5.15}$$

由此可见，变气隙式自感传感器的测量范围与灵敏度及线性度相矛盾，所以变气隙式自感传感器用于测量微小位移时是比较精确的。为了减小非线性误差，实际测量中广泛采用差动变隙式电感传感器。

从图 5.10 可知，若衔铁向上移动时，差动变隙式电感传感器的电感变化量为

$$\Delta L = L_1 - L_2 = \frac{N^2 \mu_0 S}{2(\delta_0 - \Delta\delta)} - \frac{N^2 \mu_0 S}{2(\delta_0 + \Delta\delta)}$$

$$= \frac{N^2 \mu_0 S}{2\delta_0}\left(\frac{\delta_0}{\delta_0 - \Delta\delta} - \frac{\delta_0}{\delta_0 + \Delta\delta}\right) = 2L_0 \frac{\Delta\delta}{\delta_0} \frac{1}{1 - \left(\dfrac{\Delta\delta}{\delta_0}\right)^2} \tag{5.16}$$

电感的相对变化量为

$$\frac{\Delta L}{L_0}=2\frac{\Delta\delta}{\delta_0}\frac{1}{1-\left(\frac{\Delta\delta}{\delta}\right)^2} \tag{5.17}$$

当 $\Delta\delta/\delta_0 \ll 1$，采用泰勒级数展开成级数形式为

$$\frac{\Delta L}{L_0}=2\frac{\Delta\delta}{\delta_0}\frac{1}{1-\left(\frac{\Delta\delta}{\delta}\right)^2}=2\frac{\Delta\delta}{\delta_0}\left[1+\left(\frac{\Delta\delta}{\delta}\right)^2+\left(\frac{\Delta\delta}{\delta}\right)^4+\cdots\right] \tag{5.18}$$

对式(5.18)做线性处理，忽略高次项，可得

$$\frac{\Delta L}{L_0}=2\frac{\Delta\delta}{\delta_0} \tag{5.19}$$

其灵敏度为

$$K=\left|\frac{\Delta L/L}{\Delta\delta}\right|=\frac{2}{\delta_0} \tag{5.20}$$

非线性误差为

$$\gamma=\frac{\left|\frac{\Delta\delta}{\delta_0}\right|^3}{\left|\frac{\Delta\delta}{\delta_0}\right|}\times 100\%=\left|\frac{\Delta\delta}{\delta_0}\right|^2\times 100\% \tag{5.21}$$

可见，灵敏度提高了1倍，非线性误差减小了一个数量级。另外采用差动式自感传感器，还能抵消温度变化、电源波动、外界干扰、电磁吸力等因素对传感器的影响。

比较单线圈和差动两种变隙式电感传感器的特性，可以得到如下结论。

(1) 差动式比单线圈式的灵敏度高1倍。

(2) 差动式的非线性项等于单线圈非线性项乘以$\left(\frac{\Delta\delta}{\delta}\right)$因子，因为$\frac{\Delta\delta}{\delta}\ll 0$，所以差动式的线性度得到明显改善。

为了使输出特性能得到有效改善，构成差动的两个变隙式电感传感器在结构尺寸、材料、电气参数等方面均应完全一致。

综上所述，变气隙式、变面积式和螺线管式三种类型自感传感器相比较，有如下结论。

(1) 变气隙式灵敏度最高(原始气隙 δ 一般取值很小，为 0.1～0.5mm)，因而它对电路的放大倍数要求很低，缺点是非线性严重，为了限制非线性误差，示值范围只能很小(最大示值范围 $\Delta\delta<\delta/5$)，自由行程小(衔铁在 $\Delta\delta$ 方向运动受铁芯限制)，制造装配困难。

(2) 变面积式的优点是具有较好的线性，示值范围较大，自由行程也较大。

(3) 螺线管式灵敏度最低，但示值范围大，自由行程大，且其主要优点是结构简单，制造装配容易。灵敏度低的缺点可以在放大电路方面加以解决，因此目前螺线管式自感传感器用得越来越多。

3. 测量电路

自感式传感器实现了把被测量的变化转变为自感的变化，为了测出自感的变化，同时也为了送入下级电路进行放大和处理，就要用转换电路把自感转换为电压或电流的变化。一般来说，可将自感变化转换为电压(电流)的幅值、频率、相位的变化，它们分别称为调幅、调频、调相电路。在自感式传感器中一般采用调幅电路，调幅电路的主要形式有变压

器电桥和带相敏整流的交流电桥，而调频电路和调相电路用得较少。

1）变压器电桥

图 5.12 是差动式自感传感器的变压器电桥。电桥两臂 Z_1 和 Z_2 为传感器两线圈的等效阻抗，另外两臂为交流变压器的两个二次侧，二次侧电压均为$\frac{U}{2}$，供桥电源由带中心抽头的变压器二次侧线圈供给，在如图 5.11 所示状态下，分析电路可得

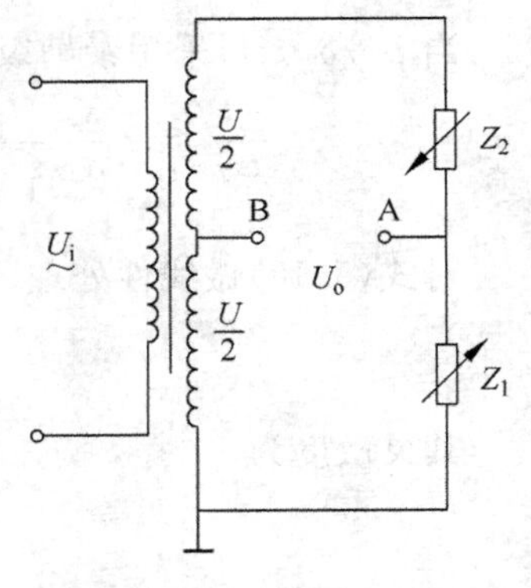

图 5.12　变压器电桥

$$\dot{U}_A = \dot{U}\,\frac{Z_1}{Z_1+Z_2} \tag{5.22}$$

$$\dot{U}_o = \dot{U}_A - \dot{U}_B = \left(\frac{Z_1}{Z_1+Z_2}\right)\dot{U}$$

$$= \frac{Z_1 - Z_2}{Z_1+Z_2}\cdot\frac{\dot{U}}{2} \tag{5.23}$$

初态时，衔铁居中，即 $Z_1=Z_2=Z$，$U_o=0$，说明电桥处于平衡状态。

衔铁铁芯上移时，则

$$\delta_1\downarrow \rightarrow L_1\uparrow \rightarrow Z_1\uparrow = Z+\Delta Z$$
$$\delta_2\uparrow \rightarrow L_2\downarrow \rightarrow Z_2\downarrow = Z-\Delta Z$$

代入式(5.23)，有

$$\dot{U}_o = \left(\frac{Z+\Delta Z}{Z+\Delta Z+Z-\Delta Z}-\frac{1}{2}\right)\dot{U} = \frac{\Delta Z}{2Z}\dot{U} \tag{5.24}$$

衔铁铁芯下移时，同理有

$$\dot{U}_o = \left(\frac{Z-\Delta Z}{Z-\Delta Z+Z+\Delta Z}-\frac{1}{2}\right)\dot{U} = -\frac{\Delta Z}{2Z}\dot{U} \tag{5.25}$$

由以上分析可知，输出电压的大小反映衔铁位移的大小，输出电压的极性反映衔铁位移的方向。当衔铁上、下移动时，输出电压大小相等、方向相反。

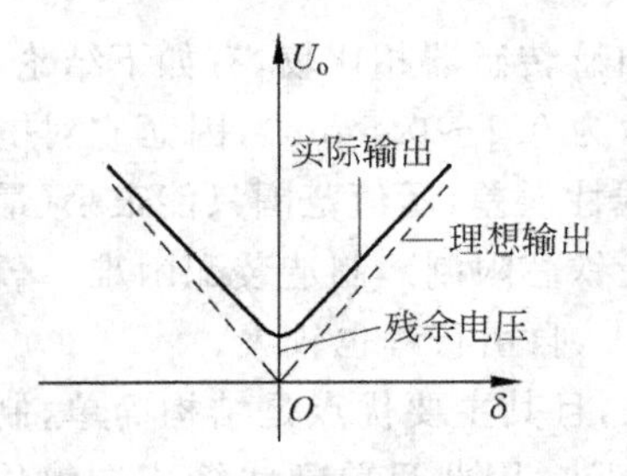

图 5.13　变压器电桥的输出特性

变压器电桥的输出电压幅值与输出阻抗均与交流电桥相同。这种电桥与电阻平衡臂电桥相比，元件少，输出阻抗小，桥路开路时电路呈线性；缺点是变压器二次侧不接地，容易引起来自一次侧的静电感应电压，使高增益放大器不能工作。

根据式(5.24)和式(5.25)判别衔铁位移的大小，然而输出端的交流电压表不能直接指示电桥输出电压的极性，因此无法确定衔铁位移的方向，在使用交流电压表时，其实际输出特性曲线如图 5.13 所示。由于电路结构不完全对称，初态时电桥不完全平衡，因而产生静态零偏压，称为零点残余电压，如图中实线所示，图中虚线为理想对称状态下的输出特性。

2）带相敏整流的交流电桥

为了既能判别衔铁位移的大小，又能判断衔铁位移的方向，通常在交流测量电桥中引入相敏整流电路，把测量桥的交流输出转换为直流输出，而后用零值居中的直流电压表测

量电桥的输出电压，原理电路如图 5.14 所示。Z_1、Z_2 和两个 R 构成了交流电桥，差动式自感传感器的两个线圈 Z_1、Z_2 作为两个相邻的桥臂，平衡电阻 R 为另外两个桥臂；VD_1～VD_4 二极管组成相敏整流电路。U_i 为供桥交流电压；U_o 为测量电路的输出电压，由零值居中的直流电压表指示输出电压的大小和极性。

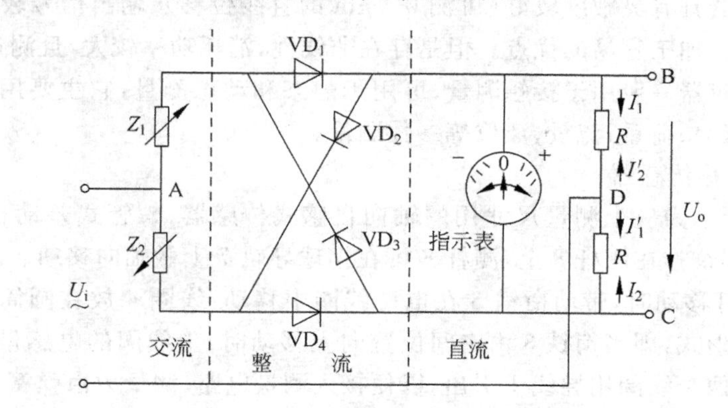

图 5.14　变压器电桥的输出特性

(1) 当衔铁处于中间位置时，即 $Z_1=Z_2$，由于桥路结构对称，此时 $U_B=U_C$，即 $U_o=U_B-U_C=0$。

(2) 当衔铁上移时，Z_1 增大，Z_2 减小，即 $Z_1=Z+\Delta Z$，$Z_2=Z-\Delta Z$。如果输入交流电压为正半周，即 U_i 上正下负时（A 点电位为正，D 点电位为负），则电路中二极管 VD_1、VD_4 导通，VD_2、VD_3 截止，电流通路为 $A\to Z_1\to VD_1\to B\to R\to D$，$A\to Z_2\to VD_4\to D\to R\to C$，电流方向 I_1 和 I_2，如图 5.14 所示。

因为 $Z_1>Z_2$，所以 $I_1<I_2$，此时

$$U_o=U_B-U_C=U_{BD}+U_{DC}=I_1R-I_2R=R(I_1-I_2)<0 \tag{5.26}$$

如果输入交流电压为负半周，即 U_i 上负下正时（D 点电位为正，A 点电位为负），则电路中二极管 VD_2、VD_3 导通，VD_1、VD_4 截止，电流通路为 $D\to R\to VD_3\to Z_1\to A$，$D\to R\to B\to VD_2\to Z_2\to A$，电流方向 I_1' 和 I_2' 如图 5.14 所示。同理可分析出 $U_o<0$。

这说明，无论电源处于正半周还是负半周，测量桥的输出状态不变，输出均为 $U_0<0$，此时直流电压表反向偏转，读数为负，表明衔铁上移。

(3) 当衔铁下移时，Z_1 减小，Z_2 增大，即 $Z_1=Z-\Delta Z$，$Z_2=Z+\Delta Z$。

当输入交流电压为正半周时，因为 $Z_2>Z_1$，所以 $I_1>I_2$，此时

$$U_o=U_B-U_C=U_{BD}+U_{DC}=I_1R-I_2R=R(I_1-I_2)>0 \tag{5.27}$$

当输入交流电压为负半周时，同理可分析出 $U_o>0$。这说明无论电源处于正半周还是负半周，测量桥的输出状态不变，输出均为 $U_o>0$，此时直流电压表正向偏转，读数为正，表明衔铁下移。

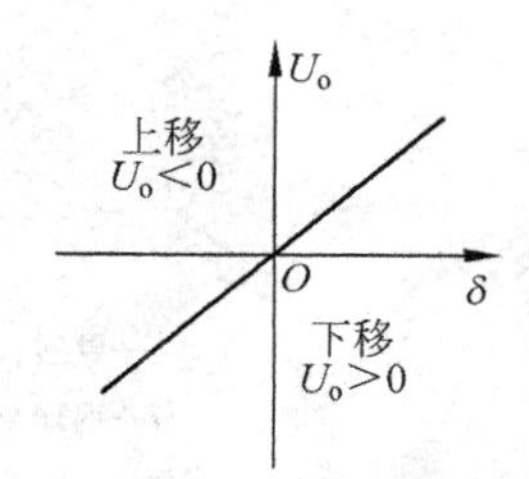

图 5.15　带相敏整流的交流电桥

可见，采用带相敏整流的交流电桥，得到的输出信号既能反映位移大小，也能反映位移的方向，其输出特性如图 5.15 所示。由图可知，测量电桥引入相敏整流后，输

出特性曲线通过零点，输出电压的极性随位移方向而发生变化，同时消除了零点残余电压，还增加了线性度。

4. 自感式传感器的应用

自感式传感器具有灵敏度较好（可测 0.1μm 的直线位移）、输出信号较大、信噪比较好、工艺要求不高、加工容易的优点。但是存在非线性，消耗功率较大，且测量范围较小的缺点。自感式传感器一般用于接触测量，可用于静态和动态测量，它主要用于位移测量，也可用于振动、压力、荷重、流量、液位等参数测量。

1）自感式位移传感器

如图 5.16 所示为一个测量尺寸用的轴向自感式传感器（螺管式差动自感传感器）。可换测端 10 用螺纹拧在测杆 8 上，测杆 8 可在钢球导轨 7 上做轴向移动。测杆上端固定着衔铁 3。当测杆移动时，带动衔铁 3 在电感线圈中移动，线圈 4 放在圆筒形磁芯 2 中，线圈配置成差动形式，即当衔铁 3 由中间位置向上移动时，上线圈的电感量增加，下线圈的电感量减少。两个线圈用导线 1 引出，以便接入测量电路，测量力由弹簧 5 产生。防转销 6 用来限制测杆 8 的转动，密封套 9 用来防止尘土进入测量头内。滚动导轨上消除了径向间隙，使测量精度提高，并且灵敏度和寿命能达到较高指标。

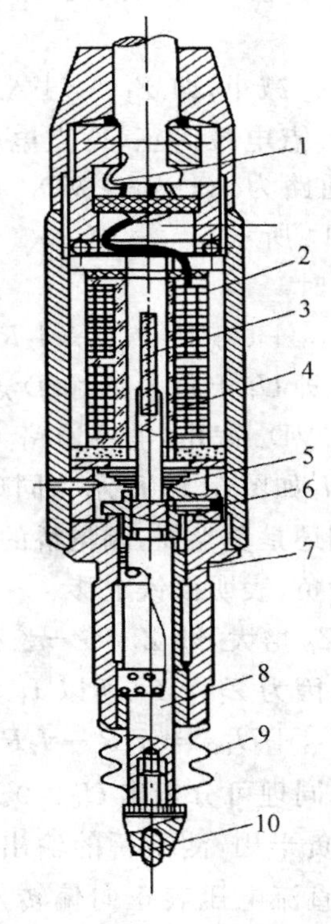

图 5.16 螺管式差动自感传感器

1—导线；2—磁芯；3—衔铁；4—线圈；5—弹簧；6—防转销；
7—钢球导轨；8—测杆；9—密封套；10—可换测端

2）电感测厚仪

如图 5.17 所示是用差动式自感传感器组成的测厚仪电路图。自感传感器的两个线圈 L_1 和 L_2 作为两个相邻的桥臂，另外两个桥臂是电容 C_1 和 C_2。桥路对角线输出端采用 4 只二极管 VD_1～VD_4 作为相敏整流器，用零值居中的电压表指示输出电压的大小和极性。在二极管中串接 4 个电阻 R_1～R_4 作为附加电阻，目的是减少由于温度变化而引起的误差，所以这 4 个电阻尽可能选温度系数较小的绕线电阻。电桥的电源由接在对角线的变压器 T 供给，变压器 T 输入绕组与 R_7 和 C_4 组成磁饱和交流稳压变压器电路。图中 C_3 起滤波作用，R_{P1} 为电桥电路调零电位器，R_{P2} 用来调节电压表满刻度用，HL 为指示灯。

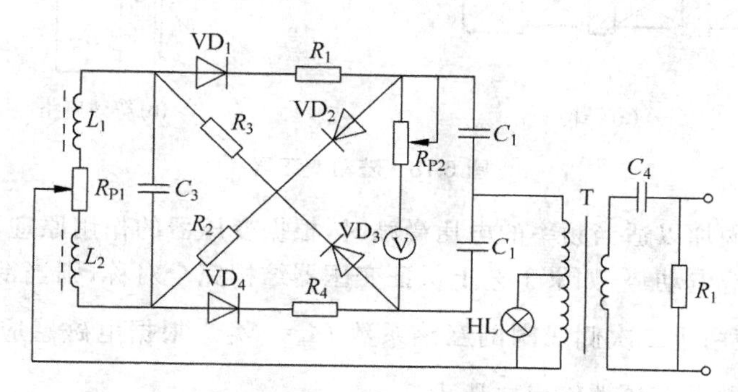

图 5.17　差动式自感传感器组成的测厚仪电路图

5.2.2　差动变压器式传感器

将被测量的非电量转换为互感变化量的传感器称为互感式传感器。这种互感传感器是根据变压器的基本原理制成的，并且二次侧绕组都用差动形式连接，故称差动变压器式传感器，简称差动变压器。在这种传感器中，一般将被测量的变化转换为变压器的互感变化，变压器一次侧线圈输入交流电压，二次侧线圈则感应出电动势。

差动变压器结构形式较多，有变隙式、变面积式和螺线管式等，但其工作原理基本一样。非电量测量中，应用最多的是螺线管式差动变压器，它可测量 1～100mm 的机械位移，虽然灵敏度较低，但示值范围大，自由行程(测量范围大，位移可达到 1m)可任意安排，制造装配也较方便，并具有结构简单、性能可靠等优点，因此被广泛用于非电量的测量。

1. 工作原理及特性

差动变压器主要由一个绝缘线框、三个线圈(一个一次侧线圈 N_1、两个二次侧线圈 N_{21}、N_{22})和插入线圈中央的圆柱形铁芯组成。在线框上绕有一组一次线圈作为输入线圈，在同一框架上另绕两组二次线圈作为输出线圈，并在线框中央圆柱孔中放入铁芯，如图 5.18(a)所示。

在图 5.18(a)中，1 表示变压器一次侧线圈；21 和 22 表示变压器二次侧两个差动线圈，为反向串联；3 为线圈绝缘框架；4 表示衔铁，变量 ΔX 表示衔铁的位移变化量。在忽略线圈寄生电容及衔铁损耗的理想情况下，差动变压器的等效电路如图 5.18(b)所示。R_1、L_1 为一次侧线圈 1 的损耗电阻和自感；R_{21} 和 R_{22} 表示二次侧线圈的电阻；L_{21} 和 L_{22}

表示二次侧线圈的自感；M_1、M_2 为一次侧线圈 N_1 与二次侧线圈 N_{21}、N_{22} 间的互感系数；$\dot{E}_{21}$ 和 $\dot{E}_{22}$ 表示在一次侧电压 $\dot{U}_1$ 作用下在两个二次侧线圈上产生的感应电动势，图中两个二次侧线圈反向串联，形成差动输出电压 $\dot{U}_2$。

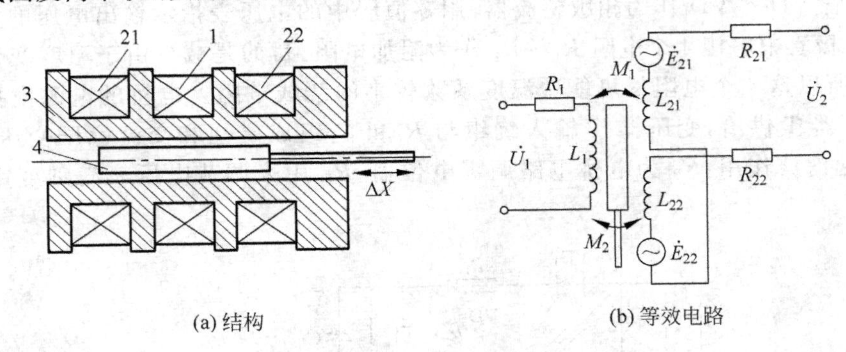

(a) 结构　　(b) 等效电路

图 5.18　差动变压器

当一次侧线圈加以适当频率的电压激励时，根据变压器的作用原理，在两个二次侧线圈中就会产生感应电动势，如果工艺上保证变压器结构完全对称，则当衔铁处于初始平衡位置时，必然会使两个二次侧线圈的互感系数 $M_1=M_2$。根据电磁感应原理，将有 $\dot{E}_{21}=\dot{E}_{22}$，则 $\dot{U}_2=0$，即差动变压器输出电压为 0。

当铁芯向上移动时，二次侧上边的线圈内穿过的磁通比下边线圈多些，所以感应电动势 E_{21} 增加；另一个线圈的感应电动势 E_{22} 随铁芯向右偏离中心位置而逐渐减小；反之，铁心向下移动时，E_{21} 减小，E_{22} 增加。两个二次线圈的输出电压分别为 U_{21} 和 U_{22}（空载时即为感应电动势 E_{21}、E_{22}），如果将二次线圈反向串联，则传感器的输出电压 $U_2=U_{21}-U_{22}$。当铁芯移动时，U_{21} 就随着铁芯位移 x 成线形增加，其特性如图 5.19 所示，形成V形特性。如果以适当方法测量 U_2，就可以得到与 x 成正比的线性读数。

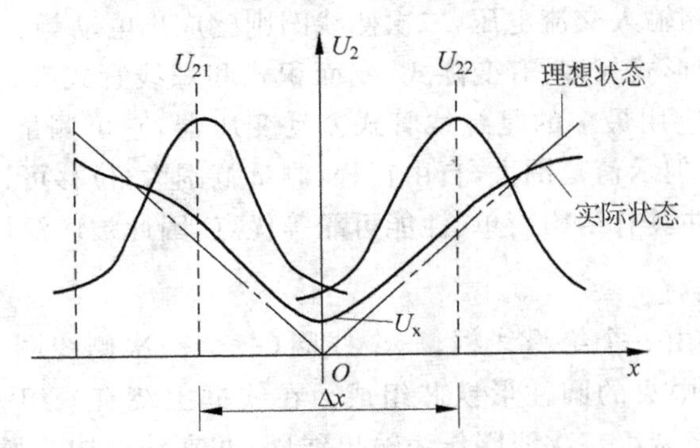

图 5.19　差动变压器输出电压特性曲线

从图中可看出，当铁芯位于中心位置，输出电压 U_2 并不是零电位，这个电压就是零点残余电压 U_x，它的存在使传感器的输出特性曲线不经过零点，造成实际特性和理论特性不完全一致。

产生零点残余电压的原因有很多，一般是因为变压器的制作工艺和导磁体安装等因素，主要是由传感器的二次侧绕组的电气参数与几何尺寸不对称，以及磁性材料的非线性等引起的，一般 U_x 在几十毫伏。在实际使用时，必须设法减小，否则将会影响传感器的测量结果。

2. 等效电路分析

差动变压器是利用电磁感应原理制作的。在制作时，理论计算结果和实际制作后的参数相差很大，往往还要借助实验和经验数据来修正。如果考虑差动变压器的涡流损耗、铁损和寄生(耦合)电容等，其等效电路是很复杂的。在理想情况下(忽略线圈寄生电容及衔铁损耗)，差动变压器的等效电路如图 5.18(b)所示。

当二次侧开路时，一次侧线圈的交流电流为

$$\dot{I}_1 = \frac{\dot{U}_1}{R_1 + \mathrm{j}\omega L_1} \tag{5.28}$$

式中：ω 为激励电压的角频率。

二次侧线圈的感应电动势为

$$\begin{cases} \dot{E}_{21} = -\mathrm{j}\omega M_1 \dot{I}_1 \\ \dot{E}_{22} = -\mathrm{j}\omega M_2 \dot{I}_1 \end{cases} \tag{5.29}$$

差动变压器的空载输出电压为

$$\dot{U}_2 = \dot{E}_{21} - \dot{E}_{22} = \mathrm{j}\omega(M_2 - M_1)\frac{\dot{U}_1}{R_1 + \mathrm{j}\omega L_2} \tag{5.30}$$

有效值为

$$\dot{U}_2 = \frac{\omega(M_2 - M_1)}{\sqrt{R_1^2 + (\omega L_1)^2}}\dot{U}_1 \tag{5.31}$$

可见输出电压与互感有关。

输出阻抗为

$$Z = R_{21} + R_{22} + \mathrm{j}\omega L_{21} + \mathrm{j}\omega L_{22} \tag{5.32}$$

其复阻抗的模为

$$|Z| = \sqrt{(R_{21} + R_{22})^2 + (\omega L_{21} + \omega L_{22})^2} \tag{5.33}$$

这样从输出端看进去，差动变压器可等效为电压 U_2 和复阻抗 Z 相串联的电压源。

由以上分析可得：

(1) 当衔铁处于中间位置时，互感 $M_1 = M_2$，此时输出电压 $U_2 = 0$ 。

(2) 当衔铁上移时，$M_1 > M_2$，此时输出电压 $U_2 < 0$。设 $M_1 = M + \Delta M, M_2 = M - \Delta M$，有

$$\dot{U}_2 = -\frac{2\omega\Delta M}{\sqrt{R_1^2 + (\omega L_1)^2}}\dot{U}_1 \tag{5.34}$$

可以看出 U_2 与 E_{21} 同相。

(3) 当衔铁下移时，$M_1 < M_2$，此时输出电压 $U_2 > 0$。设 $M_1 = M - \Delta M, M_2 = M + \Delta M$，有

$$\dot{U}_2 = \frac{2\omega\Delta M}{\sqrt{R_1^2 + (\omega L_1)^2}}\dot{U}_1 \tag{5.35}$$

可以看出 U_2 与 E_{22} 同相。输出电压还可以写成

$$\dot{U}_2 = \frac{2\omega\Delta M}{\sqrt{R_1^2 + (\omega L_1)^2}}\frac{\Delta M}{M} = 2\dot{E}_{s0}\frac{\Delta M}{M} \tag{5.36}$$

式中：$\dot{E}_{s0}$ 为衔铁处于中间平衡位置时单个二次侧线圈的感应电压。

因而差动变压器可以用来测量衔铁位移的大小和方向。

3. 测量电路

由于差动变压器的输出电压为交流，用交流电压表测量其输出值只能反映衔铁位移的大小，不能反映位移的方向。另外，其测量值必定含有零点残余电压。为了达到能辨别移动方向和消除零点残余电压的目的，实际测量时，常采用差动整流电路和相敏检波电路。

1）差动整流电路

差动变压器最常用的测量电路是差动整流电路，如图 5.20 所示，把差动变压器的两个二次侧输出电压分别整流，然后将整流的电压或电流的差值作为输出。图 5.20(a)和图 5.20(b)为电压输出型，用于连接高阻抗负载电路，图中的电位器 R_0 用于调整零点残余电压。图 5.20(c)和图 5.20(d)为电流输出型，用于连接低阻抗负载电路。采用差动整流电路后，不但可以用零值居中的直流电表指示输出电压或电流的大小和极性，还可以有效消除残余电压，同时可使线性工作范围得到一定的扩展。下面结合图 5.20(b)全波电压输出电路分析差动整流电路的工作原理。

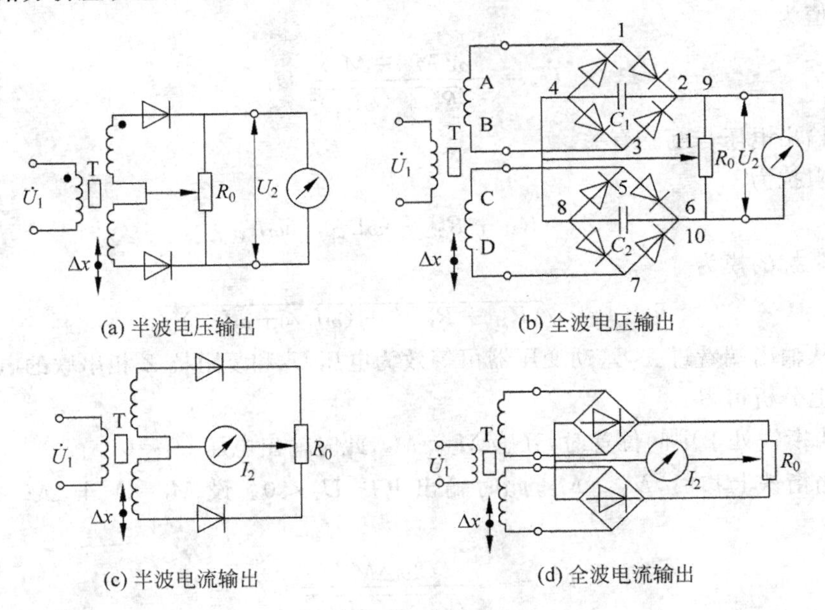

图 5.20 差动整流电路

全波整流电路是根据半导体二极管单向导通原理进行解调的。设某瞬间载波为正半周，此时差动变压器两个二次侧线圈的相位关系为 A 正 B 负，C 正 D 负。

在上面线圈中，电流自A点出发，路径为A→1→2→9→11→4→3→B，流过电容C_1的电流是由2到4，电容C_1上的电压为U_{24}。

在下面线圈中，电流自C点出发，路径为C→5→6→10→11→8→7→D，流过电容C_2的电流是由6到8，电容C_2两端的电压为U_{68}。

差动变压器的输出电压为上述两电压的代数和，即$U_2=U_{24}-U_{68}$。

同理，当某瞬间载波为负半周时，即二次侧线圈的相位关系为A负B正、C负D正，按上述分析可知，不论两个二次侧线圈的输出瞬时电压极性如何，流经C_1的电流方向总是从2到4，流经电容C_2的电流方向总是从6到8，可得差动变压器输出电压U_2的表达式仍为$U_2=U_{24}-U_{68}$。

当铁芯在中间位置时，$U_{24}=U_{68}$，则$U_2=0$。

当铁芯在零位以上时，因为$U_{24}>U_{68}$，则$U_2>0$。

当铁芯在零位以下时，因为$U_{24}<U_{68}$，则$U_2<0$。

铁芯在零位以上或以下时，输出电压的极性相反，于是零点残余电压会自动抵消。由此可见，差动整流电路可以不考虑相位调整和零点残余电压的影响。此外，还具有结构简单、分布电容影响小和便于远距离传输等优点，从而获得广泛的应用。在远距离传输时，将此电路的整流部分放在差动变压器的一端，整流后的输出线延长，就可避免感应和引出线分布电容的影响。

2）相敏检波电路

相敏检波电路的形式很多，过去通常采用分立元件构成的电路，它可以利用半导体二极管或三极管实现。随着电子技术的发展，各种性能的集成电路相继出现，例如单片集成电路LZX1，就是一种集成化的全波相敏整流放大器，它能完成把输入交流信号经全波整流后变为直流信号，以及鉴别输入信号相位等功能。该器件具有重量轻、体积小、可靠性高、调整方便等优点。

差动变压器和LZX1的连接电路如图5.21所示。u_2为信号输入电压，u_S为参考输入电压，R为调零电位器，C为消振电容，若无C，则会产生正反馈，发生振荡。移相器使参考电压和差动变压器二次侧输出电压同频率，相位相同或相反。

对于测量小位移的差动变压器，由于输出信号小，还需在差动变压器的输出端接入放大器，把放大的信号输入LZX1的信号输入端。

一般经过相敏检波和差动整流输出的信号，还需通过低通滤波器，把调制时引入的高频信号衰减掉。

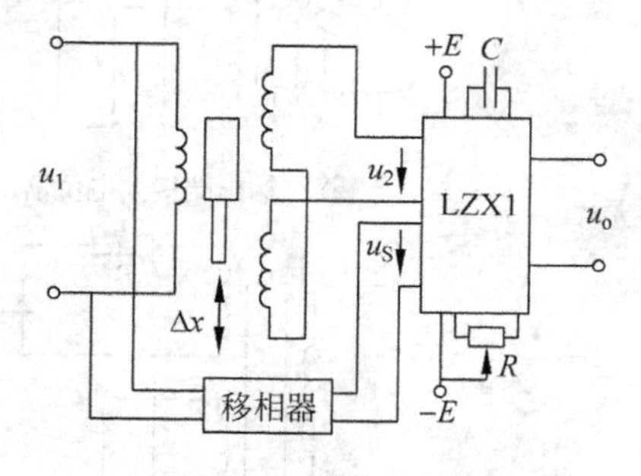

图5.21　差动变压器

4. 零点残余电压及消除方法

与自感传感器相似，差动变压器也存在零点残余电压问题。它的存在使得传感器的特性曲线不通过原点，并使实际特性不同于理想特性。

零点残余电压的存在使传感器的输出特性在零点附近的范围内不灵敏，限制分辨率的提高。零点残余电压太大，将使线性度变坏，灵敏度下降，甚至会使放大器饱和，阻塞有用信号的通过，致使仪器不再反映被测量的变化。因此，零点残余电压是评定传感器性能的主要指标之一，必须设法减小或消除。消除零点残余电压的方法主要有以下几种。

1）设计和工艺上保证结构的对称性

在设计和工艺上，力求做到磁路对称、线圈对称。铁芯材料要均匀，要经过热处理去除机械应力和改善磁性。两个二次侧线圈窗口要一致，两个线圈绕制要均匀一致。一次侧线圈绕制也要均匀。可采用拆圈的实验方法减小零点残余电压。其思路是，由于两个二次侧线圈的等效参数不相等，用拆圈的方法使两者等效参数相等。

2）选用合适的测量线路

采用相敏检波电路不仅可以鉴别衔铁移动方向，而且可以把衔铁在中间位置时，因高次谐波引起的零点残余电压消除掉。

3）用补偿线路

在电路上进行补偿。线路补偿主要有加串联电阻、加并联电容、加反馈电阻或反馈电容等。

图 5.22 所示为几个补偿零点残余电压的电路。图 5.22(a)中，在输出端接入电位器 R_P（用于电气调零），一般取 10kΩ 左右，调节 R_P，可使两个二次侧线圈输出电压的大小和相位发生变化，从而使零点残余电压为最小值。这种方法对基波正交分量有明显的补偿效果，但对高次谐波无补偿作用。如果并联一只电容 C，就可以有效地补偿高次谐波分量，防止调整电位器时的零点移动，如图 5.22(b)所示。电容 C 的值要适当，常为 0.1μF 以下，要通过实验确定。在图 5.22(c)中，串联电阻 R 调整二次侧线圈的电阻值不平衡，由于两个二次侧线圈感应电压相位不同，并联电容 C 可改变某一输出电势的相位，也能达到良好的零点残余电压补偿作用。在图 5.22(d)中，接入 R（几百千欧）或补偿线圈 L（几百匝）绕在差动变压器的次级线圈上，以减小二次侧线圈的负载电压，避免外接负载不是纯电阻而引起的较大的零点残余电压。

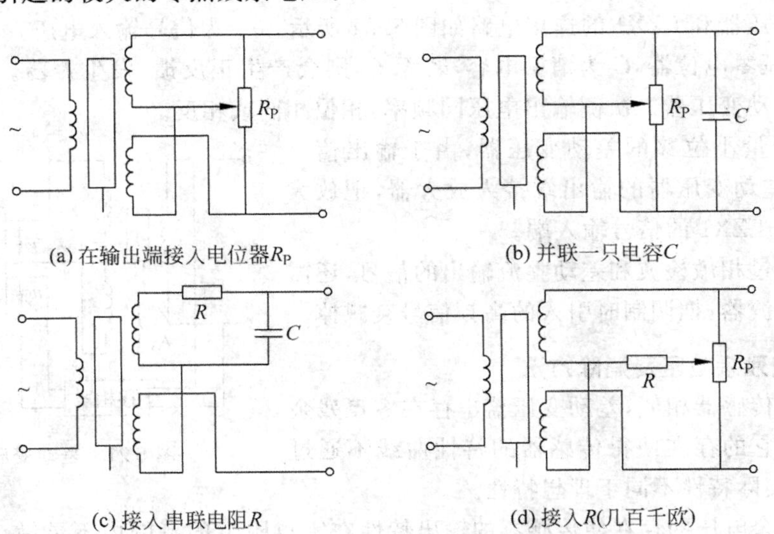

图 5.22 补偿零点残余电压的电路

5.2.3　电涡流式传感器

根据法拉第电磁感应定律，块状金属导体置于变化的磁场中或在磁场中做切割磁力线运动时，导体内将产生呈漩涡状流动的感应电流，称为电涡流，这种现象称为电涡流效应。涡流的大小与金属体的电阻率 ρ、磁导率 μ、金属板的厚度以及产生交变磁场的线圈与金属导体的距离 x、线圈的励磁电流频率 f 等参数有关。若固定其中若干参数，就能按涡流大小测量出另外的参数。

电涡流式传感器是基于电涡流效应而工作的传感器，可以对位移、振动、表面温度、速度、应力、金属板厚度及金属物件的无损探伤等物理量实现非接触式测量，具有结构简单、体积较小、灵敏度高、频率响应宽等特点，应用极其广泛。电涡流式传感器在金属体中产生的涡流，其渗透深度与传感器线圈的励磁电流的频率有关。根据电涡流在导体的贯穿情况，通常把电涡流传感器按激励频率的高低分为高频反射式和低频透射式两大类，前者的应用较广泛。

1. 工作原理

1）高频反射式电涡流传感器

高频反射式电涡流传感器的结构比较简单，主要是一个安置在框架上的线圈，线圈可以绕成一个扁平圆形粘贴在框架上，也可以在框架上开一条槽，导线绕制在槽内形成一个线圈。线圈的导线一般采用高强度漆包线，如要求高一些，可用银或银合金线，在较高的温度条件下，须用高温漆包线。传感器的结构示意图如图 5.23 所示。

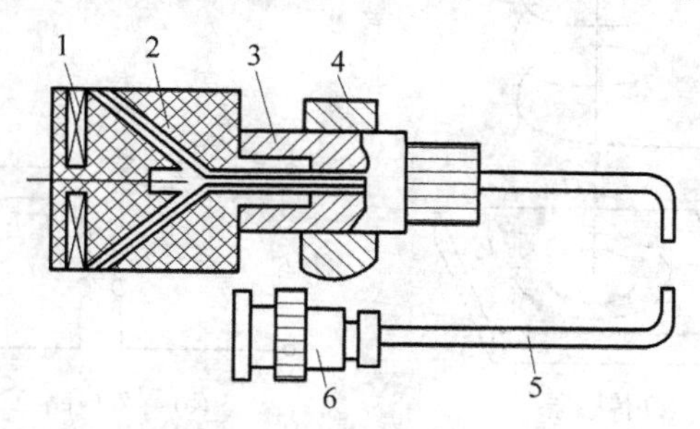

图 5.23　涡流高频反射式电涡流传感器结构示意图

1—线圈；2—框架；3—框架衬套；4—支架；5—电缆；6—插头

如图 5.24(a)所示，传感线圈由高频电流 I_1 激磁，产生高频交变磁场 H_1，当被测金属置于该磁场范围内，金属导体内便产生涡流，将产生一个新磁场 H_2，H_2 和 H_1 方向相反，因而抵消部分原磁场 H_1，从而导致线圈的电感量、阻抗和品质因数发生变化。可见，线圈与金属导体之间存在磁性联系。若将导体看作一个短路线圈，临近高频线圈 L 一侧的金属板表面感应的涡流对 L 的反射作用可以用图 5.24(b)所示的等效电路说明。电涡流传感器类似于二次侧短路的空心变压器，可把传感器空心线圈看作变压器一次侧，线圈电阻为 R_1，电感为 L_1；金属导体中的涡流回路看作变压器二次侧，回路电流即 I_2，回路电阻为 R_2，电感为 L_2；电涡流产生的磁场对传感器线圈产生的磁场的“反射作用”可理解为传感器线圈与此环状电涡流之间存在着互感 M，其大小取决于金属导体和线圈的靠近程度，M 随着线圈与金属导体之间的距离 x 减小而增大。

根据图 5.24(b)所示的等效电路，按 KVL 可列出电路方程组为

$$\begin{cases} R_1\dot{I}_1 + \mathrm{j}\omega L_1\dot{I}_1 - \mathrm{j}\omega M\dot{I}_2 = \dot{U}_1 \\ R_2\dot{I}_2 + \mathrm{j}\omega L_2\dot{I}_2 - \mathrm{j}\omega M\dot{I}_1 = 0 \end{cases} \tag{5.37}$$

电涡流传感器的等效阻抗可表示为

$$Z = \frac{\dot{U}_1}{\dot{I}_1} = R_1 + R_2\frac{\omega^2M^2}{R_2^2+\omega^2L_2^2} + \mathrm{j}\omega\left(L_1 - L_2\frac{\omega^2M^2}{R_2^2+\omega^2L_2^2}\right) \tag{5.38}$$

等效电阻为

$$\begin{cases} R = R_1 + R_2\dfrac{\omega^2M^2}{R_2^2+\omega^2L_2^2} \\ L = L_1 - L_2\dfrac{\omega^2M^2}{R_2^2+\omega^2L_2^2} \end{cases} \tag{5.39}$$

线圈的品质因数由无涡流时的 $Q_0 = WL/R_1$ 下降为

$$Q = \frac{\omega L}{R} = \frac{\omega L_1}{R_1}\cdot\frac{1-\dfrac{L_2}{L_1}\dfrac{\omega^2M^2}{R_2^2+\omega^2L_2^2}}{1+\dfrac{R_2}{R_1}\dfrac{\omega^2M^2}{R_2^2+\omega^2L_2^2}} \tag{5.40}$$

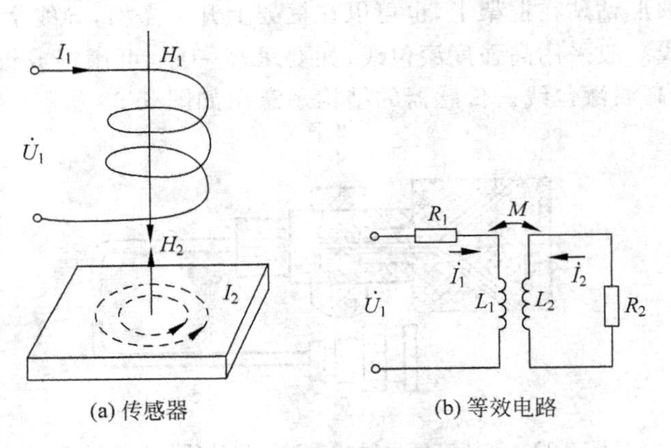

图 5.24 高频反射式电涡流传感器

可见，由于涡流的影响，线圈复阻抗的实数部分增大，虚数部分减小，因此线圈的品质因数 Q 下降。

上述分析结果表明，电涡流式传感器的等效电气参数如线圈阻抗 Z、线圈电感 L 和品质因数 Q 值都是互感系数 M 平方的函数，而互感系数 M 又是线圈与金属导体之间距离 x 的非线性函数。由于金属导体的电阻率 ρ、金属导体的磁导率 μ 以及线圈激磁频率 f 决定 H、R_2、L_2 和 M 的大小，因此，高频透射式传感器的阻抗 Z、电感 L 和品质因数 Q 都是由 ρ、μ、x、f 等多参数决定的多元函数，若只改变其中一个参数，其余参数保持不变，便可测定这个可变参数。例如被测材料的情况不变，线圈激磁频率 f 不变，则阻抗 Z 就为距离 x 的单值函数，便可制成涡流位移传感器。

2）低频透射式电涡流传感器

图 5.25 所示为低频透射式涡流传感器结构原理图。在被测金属的上方设有发射传感器线圈 L_1，在被测金属板的下方设有接受传感器线圈 L_2。当在 L_1 上加低频电压 u_1 时，则在 L_1 上产生交变磁通 Φ_1，若两线圈之间无金属板，则交变磁场直接耦合至 L_2 中，L_2 产生感应电压 u_2。如果将被测金属板放入两线圈之间，则 L_1 线圈产生的磁通将导致在金属板中产生电涡流 i_e，此时磁场能量受到损耗，到达 L_2 的磁通将减弱为 Φ_2，从而使 L_2 产生的感应电压 u_2 下降。显然，金属板厚度尺寸 d 越大，穿过金属板到达 L_2 的磁通 Φ_2 就越小，感应电压 u_2 也相应减小。因此，可根据 u_2 的大小得知被测金属板的厚度。u 与 d 之间有着对应的关系，$u_2=f(d)$，曲线如图 5.26 所示。由图可知，频率越低，$f_1<f_2<f_3$，磁通穿透能力越强，在接受线圈上感应的电压 u_2 越高；频率较低时，线性较好，因此要求线性好时应选择较低的激励频率（通常为 1kHz 左右）；d 较小时，f_3 曲线的斜率较大，因此测薄板时应选较高的激磁频率，测厚板时应选较低的激磁频率。低频透射式涡流传感器的检测范围可达 1～100mm。

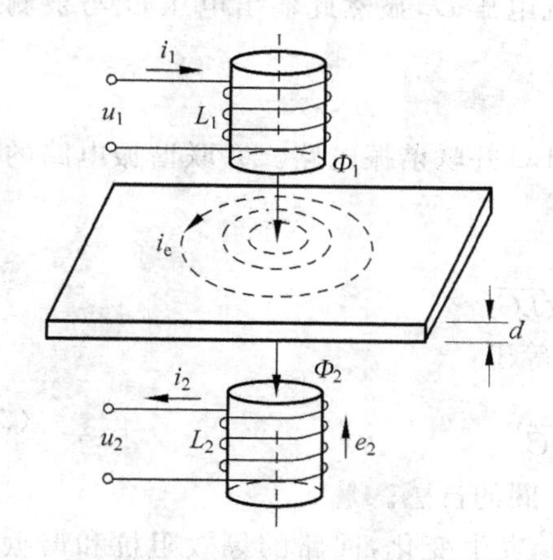

图 5.25　低频透射式涡流传感器

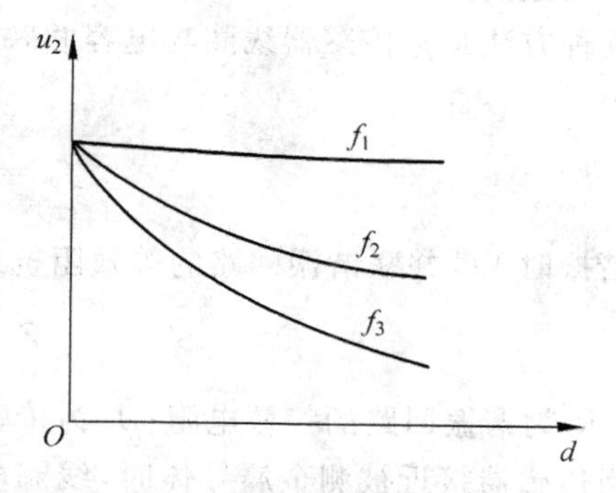

图 5.26　不同频率下的 $u_2=f(d)$ 曲线

2. 测量电路

根据电涡流测量的基本原理和等效电路，传感器线圈与被测金属导体间距离的变化可以转化为传感器线圈的品质因数 Q、等效阻抗 Z 和等效电感 L 的变化。测量电路的任务是把这些参数的变化转换为电压或电流输出，可以用三种类型的电路：电桥电路、谐振电路和正反馈电路。一般利用 Q 值的转换电路使用较少，这里不做讨论。利用 Z 的测量电路一般用桥路，属于调幅电路。利用 L 的测量电路一般用谐振电路，根据输出是电压幅值还是电压频率，又分为调幅法和调频法两种。

1）电桥电路

电桥电路结构简单，主要用于差动式电涡流传感器，如图 5.27 所示。图中 L_1 和 L_2 为差动式传感器的两个线圈，分别与选频电容 C_1 和 C_2 并联组成相邻的两个桥臂，电阻 R_1 和 R_2 组成另外两个桥臂，电源 u 由振荡器供给，振荡频率根据涡流式传感器的需求选择。电桥将反应线圈阻抗的变化，线圈阻抗的变化将转换成电压幅值的变化。

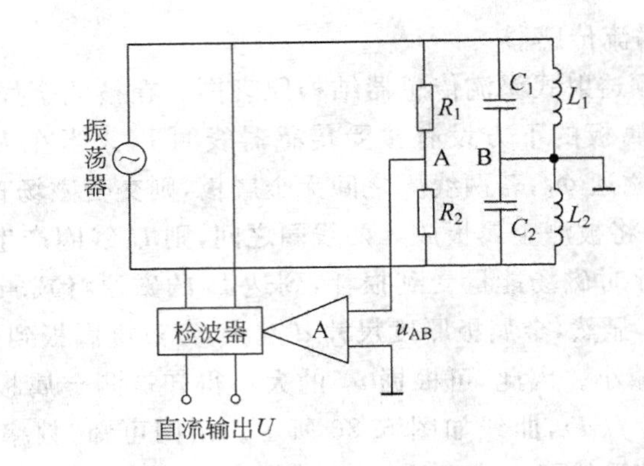

图 5.27 电桥电路

当静态时，电桥平衡，输出电压 $u_{AB}=0$。

当传感器接近被测金属导体时，传感器线圈的阻抗发生变化，电桥失去平衡，即 $u_{AB}\neq 0$，经过线性放大和检波器检波后输出直流电压 U，显然此输出电压 U 与被测距离成正比，可以实现对位移量的测量。

2）谐振电路

这种方法是把传感器线圈与电容并联组成 LC 并联谐振电路。并联谐振电路的谐振频率为

$$f_0=\frac{1}{2\pi\sqrt{LC}} \tag{5.41}$$

谐振时 LC 并联谐振回路的等效阻抗最大，等于

$$Z_0=\frac{L}{R'C} \tag{5.42}$$

式中：R'为谐振回路的等效电阻；L 为传感器线圈的自感。

当传感器接近被测金属导体时，线圈电感 L 发生变化，回路的等效阻抗和谐振频率将随着 L 的变化而变化，因此可以利用测量回路阻抗的方法或测量回路谐振频率的方法间接反映出传感器的被测量，相对应的就是调幅法和调频法。

（1）调幅法。电路由传感器线圈的等效电感和一个固定电容组成并联谐振回路，由频率稳定的振荡器（如石英晶体振荡器）提供高频激励信号，如图 5.28 所示。图中 R 为耦合电阻，可用来降低传感器对振荡器工作的影响，其数值大小将影响测量电路的灵敏度，耦合电阻的选择应考虑振荡器的输出阻抗和传感器线圈的品质因数。电路的输出电压为

$$u=i_0Z \tag{5.43}$$

式中：i_0为高频激磁电流；Z 为 LC 回路的阻抗。

在初态时，传感器远离被测体，调整 LC 回路的并联谐振频率 $f_0=1/2\pi LC$ 等于石英晶体振荡器频率，此时 LC 回路的阻抗 Z 最大，即 $Z_0=L/R'C$，输出电压的幅值也最大。

工作时，当传感器线圈接近被测金属导体时，线圈与被测体之间的距离 x 变化，导致线圈的等效电感 L 发生变化，谐振回路的谐振频率和等效阻抗也跟着发生变化，致使回路失谐而偏离激励频率，谐振峰将向左或右移动，如图 5.29 所示。

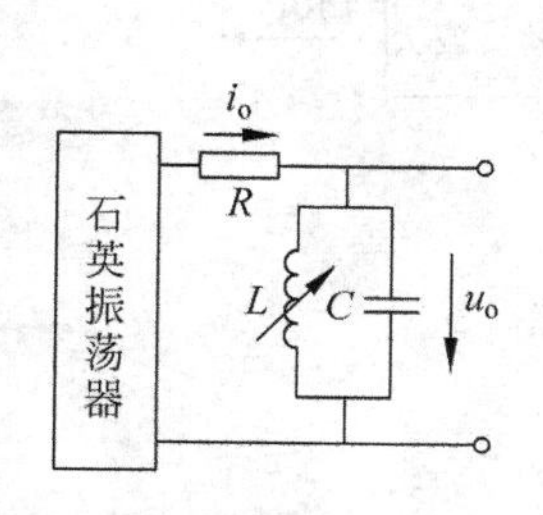

图 5.28 调幅法

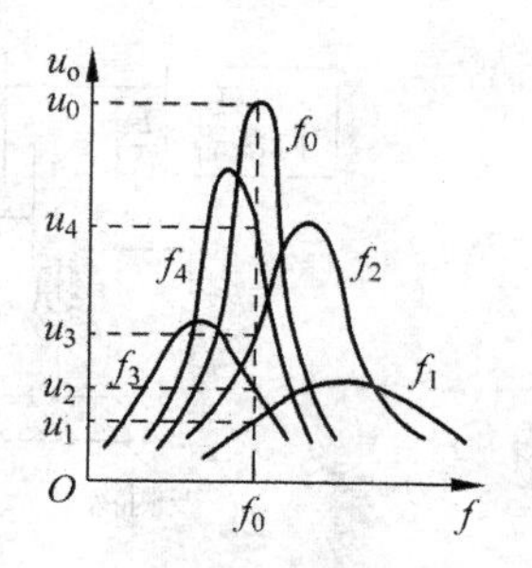

图 5.29 谐振调幅电路特性

从图 5.29 可见，若被测金属导体为非磁性材料，由于磁导率 μ 减小，传感器线圈的等效电感 L 减小，LC 回路的谐振频率提高，谐振曲线右移，对应的谐振频率为 f_1 和 f_2，回路等效阻抗减小，输出电压 u_o 减小到 u_1 和 u_2。若被测材料为磁性材料时，由于磁导率 μ 增加，谐振回路的等效电感 L 增大，LC 回路的谐振频率降低，谐振曲线左移，对应的谐振频率为 f_3 和 f_4，回路等效阻抗减小，输出电压 u_o 减小到 u_3 和 u_4。因此，可以由输出电压的变化表示传感器与被测导体间距离 x 的变化，从而实现对位移量的测量，故称调幅法。

(2) 调频法。测量电路如图 5.30 所示，传感器线圈作为组成 LC 振荡器的电感元件，当传感器的等效电感 L 发生变化时，引起振荡器的振荡频率变化，该频率可直接由数字频率计测得，或通过频率/电压转换后用数字电压表测量出对应的电压。这种方法稳定性较差，因为 LC 振荡器的频率稳定性最高只有 10^{-5} 数量级，虽然可以通过扩大调频范围来提高稳定性，但调频的范围不能无限制扩大。

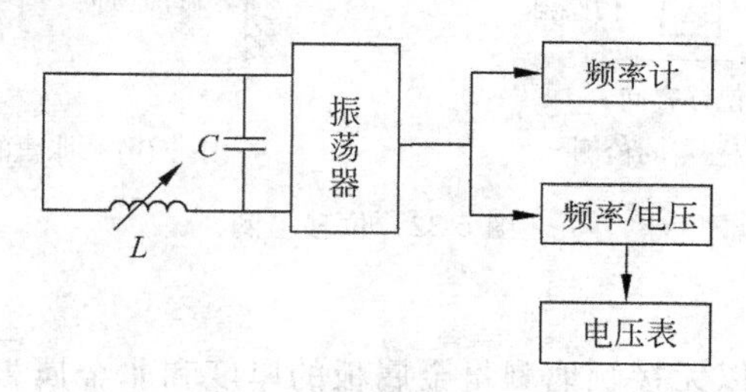

图 5.30 调频法测量电路

采用这种测量电路时，不能忽略传感器与振荡器之间连接电缆的分布电容，几皮法的变化将使频率变化几千赫，严重影响测量结果，为此可设法把振荡器的电容元件和传感器线圈组装成一体。

3) 正反馈电路

正反馈电路如图 5.31 所示，图中 Z_r 为一固定的线圈阻抗，Z_L 为传感器线圈电涡流效应的等效阻抗；D 为测量距离。放大器的反馈电路由 Z_L 组成，当线圈与被测体之间的距离发生变化时，Z_L变化，反馈放大电路的放大倍数发生变化，从而引起运算放大器输出电压变化，经检波和放大后使测量电路的输出电压变化。因此，可以通过输出电压的变化来检测传感器和被测体之间距离的变化。

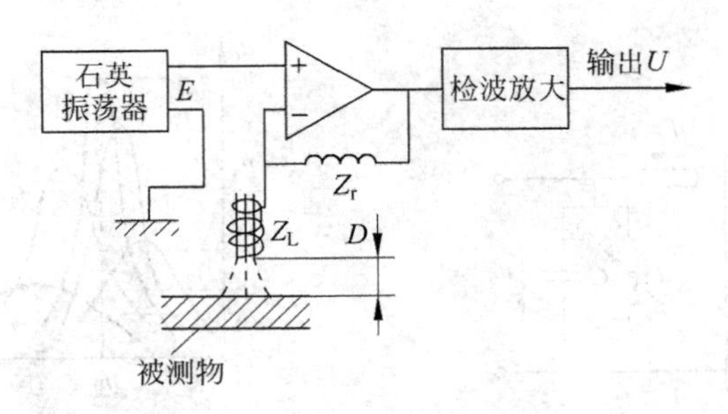

图 5.31　正反馈测量电路

3. 电涡流式传感器的应用

1）位移检测

电涡流式传感器的基本应用是组成位移计，可以用来测量各种形状试件的位移，如图 5.32 所示。其中，图 5.32(a)是用电涡流式传感器来检测汽轮机主轴的轴向位移量；图 5.32(b)是间接检测金属试件的轴向热膨胀量。

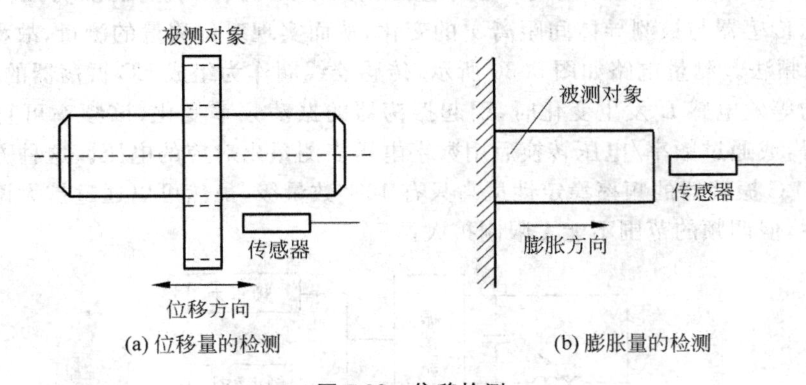

图 5.32　位移检测

2）厚度检测

电涡流式传感器可以无接触地测量金属板的厚度和非金属板的镀层厚度，如图 5.33 所示为高频反射式电涡流测厚计原理图。

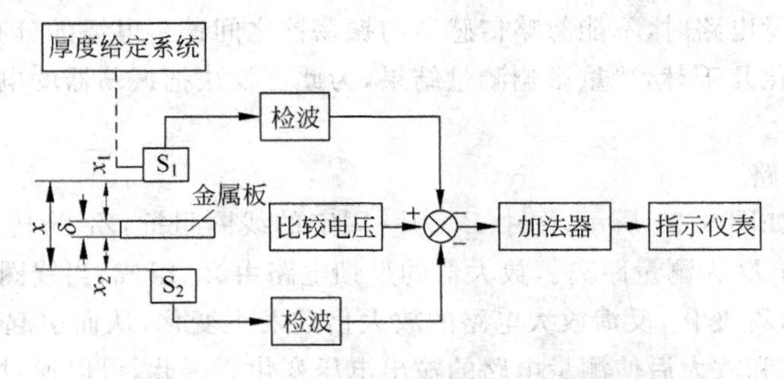

图 5.33　高频反射式电涡流测厚计原理图

为了克服金属板在工作过程中上、下波动的影响，在金属板上、下两侧对称地设置了两个特性完全相同的涡流传感器 S_1、S_2。S_1、S_2 与被测金属板之间的距离分别为 x_1 和 x_2，这样板厚 $\delta = x-(x_1+x_2)$，当两个传感器在工作时，分别测得 x_1 和 x_2，转换成电压值后相加。相加后的电压值与两传感器之间距离 x 对应的设定值相减，就得到与金属板厚度相对应的电压值。

5.3 光栅尺位移检测

光栅尺也称为光栅尺位移传感器，是利用光栅的光学原理工作的测量装置。光栅尺经常应用于数控机床的闭环伺服系统中，可用作直线位移或者角位移的检测。光栅尺测量输出的信号为数字脉冲，具有检测范围大、检测精度高、响应速度快等特点。

5.3.1 光栅尺的工作原理

常见光栅尺的工作原理都是根据物理上莫尔条纹的形成原理工作的。如图 5.34 所示为光栅尺外观及其工作原理。当使指示光栅上的线纹与标尺光栅上的线纹成一角度来放置两光栅尺时，必然会造成两光栅尺上的线纹互相交叉。在光源的照射下，交叉点近旁的小区域内由于黑色线纹重叠，因而遮光面积最小，挡光效应最弱，光的累积作用使得这个区域出现亮带。相反，距交叉点较远的区域，因两光栅尺不透明的黑色线纹的重叠部分变得越来越少，不透明区域面积逐渐变大，即遮光面积逐渐变大，使得挡光效应变强，只有较少的光线能通过这个区域透过光栅，使这个区域出现暗带。这些与光栅线纹几乎垂直，相间出现的亮、暗带就是莫尔条纹。莫尔条纹具有以下性质。

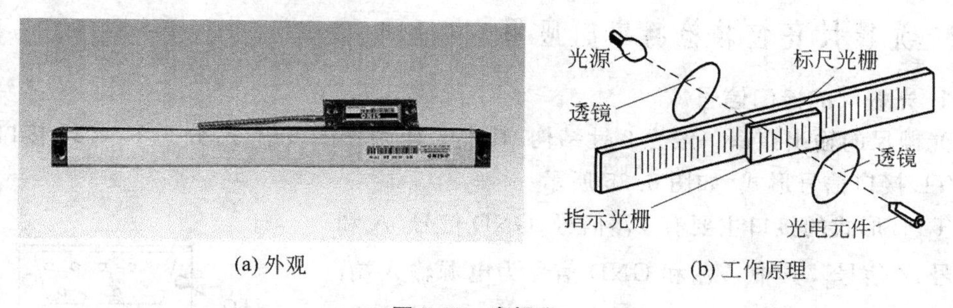

(a) 外观　　(b) 工作原理

图 5.34 光栅尺

(1) 当用平行光束照射光栅时，透过莫尔条纹的光强度分布近似于余弦函数。

(2) 若用 W 表示莫尔条纹的宽度，d 表示光栅的栅距，θ 表示两光栅尺线纹的夹角，则它们之间的几何关系为 $W=d/\sin\theta$。当 θ 角很小时，该式可近似写为 $W=d/\theta$，若取 $d=0.01\text{mm}$，$\theta=0.01\text{rad}$，则可得 $W=1\text{mm}$。这说明，无需复杂的光学系统和电子系统，利用光的干涉现象，就能把光栅的栅距转换成放大 100 倍的莫尔条纹的宽度。这种放大作用是光栅的一个重要特点。

(3) 由于莫尔条纹是由若干条光栅线纹共同干涉形成的，所以莫尔条纹对光栅个别线纹之间的栅距误差具有平均效应，能消除光栅栅距不均匀所造成的影响。

(4) 莫尔条纹的移动与两光栅尺之间的相对移动相对应。两光栅尺相对移动一个栅距 d,莫尔条纹便相应移动一个莫尔条纹宽度 W,其方向与两光栅尺相对移动的方向垂直,且当两光栅尺相对移动的方向改变时,莫尔条纹移动的方向也随之改变。

根据上述莫尔条纹的特性,假如在莫尔条纹移动的方向上开 4 个观察窗口 A、B、C、D,且使这 4 个窗口两两相距 1/4 莫尔条纹宽度,即 $W/4$。由上述讨论可知,当两光栅尺相对移动时,莫尔条纹随之移动,从 4 个观察窗口 A、B、C、D 可以得到 4 个在相位上依次超前或滞后(取决于两光栅尺相对移动的方向)1/4 周期(即 $\pi/2$)的近似于余弦函数的光强度变化过程。若采用光敏元件来检测,光敏元件把透过观察窗口的光强度变化转换成相应的电压信号,根据这 4 个电压信号,可以检测出光栅尺的相对移动。

1) 位移大小的检测

由于莫尔条纹的移动与两光栅尺之间的相对移动是相对应的,故通过检测这 4 个电压信号的变化情况,便可相应地检测出两光栅尺之间的相对移动。莫尔条纹每变化一个周期,表明两光栅尺相对移动了一个栅距的距离;若两光栅尺之间的相对移动不到一个栅距,因信号是余弦函数,故根据该值也可以计算出其相对移动的距离。

2) 位移方向的检测

图 5.34 中,光栅尺通过电路,可以产生 A 和 B 两路信号。若标尺光栅固定不动,指示光栅沿正方向移动,这时,莫尔条纹相应地沿向下的方向移动。反之,若标尺光栅固定不动,指示光栅沿负方向移动,这时,莫尔条纹则相应地沿向上的方向移动,A 和 B 两路信号的相位相反。因此,根据两信号相互间的超前和滞后的关系,可确定两光栅尺之间的相对移动方向。

5.3.2 光栅尺在位移检测中的应用

1. 光栅尺的接口信号

光栅尺的输出接口一般为 9 针结构,其中 5 针为其接口信号,分为 RS-422 接口信号和 TTL 接口信号形式,如图 5.35 所示。

TTL 形式的接口主要有 V_{CC} 信号、GND 信号、A 和 B 信号、Z 信号。其中,V_{CC} 和 GND 信号为电源输入端,一般电源信号为 5V;A 和 B 输出与位移成正比的脉冲,同时 A 和 B 的相位决定光栅尺移动头的移动方向;Z 为零位信号。A 和 B 相的精度典型的有 1μm、5μm 等,Z 相信号典型为几十 μm 输出一个定位脉冲。

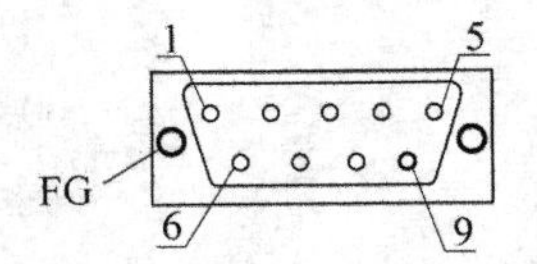

图 5.35 光栅尺的典型输出接口

RS-422 接口信号一般有 V_{CC}、GND、A、$\overline{A}$、B、$\overline{B}$、Z、$\overline{Z}$ 8 针信号,其中,A、$\overline{A}$ 等三组差分对,用差分信号形式表示 1 和 0,具有很强的抗干扰能力,能传送较远距离。

2. 光栅尺和单片机的连接

图 5.36 是单片机与 TTL 型光栅尺的硬件连接,单片机通过 P1.6 和 P1.7 读取 A 和

B 相信号，计算光栅尺的移动距离；同时根据 A 相和 B 相的相位差，决定光栅尺的移动方向，计算最后的位移。同时读取 Z 相信号，获得零点定位信号。

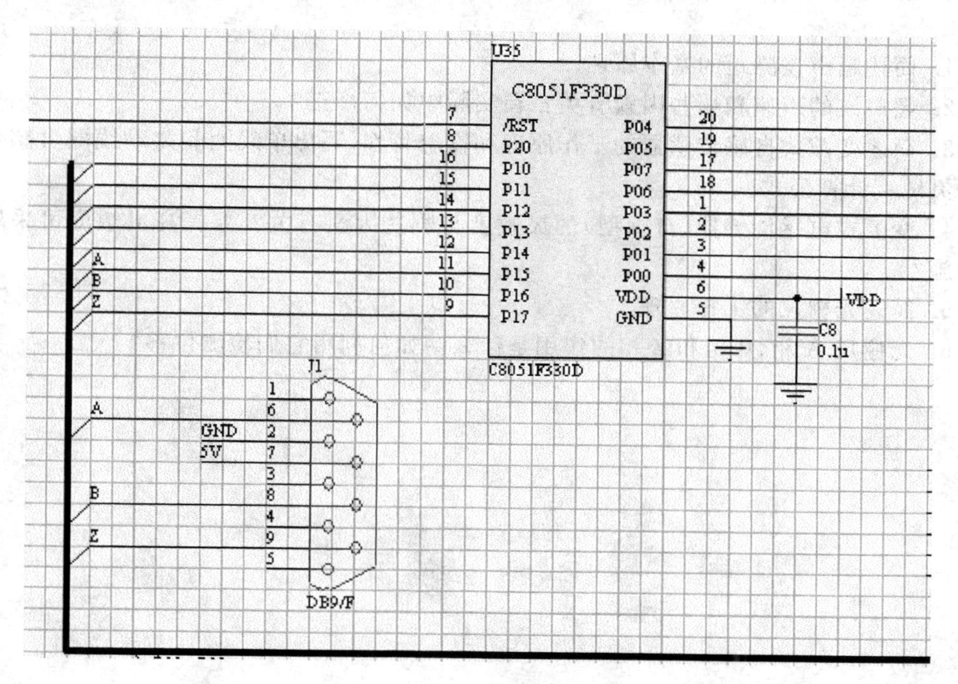

图 5.36　光栅尺与单片机的连接

在光栅尺测量位移中，需要注意如下两个方面。

(1) 尽量选用高速单片机，以免丢失脉冲信号。

(2) TTL 型输出的光栅尺与单片机的距离不能超过 2m 以上，否则稳定性变差。

本章小结

本章主要介绍了常见的物位和位移的检测方法。

超声波传感器测量方法为非接触式测量，精度较高，但是要求测量路径上温度场的梯度为零。主要介绍了超声波探头的驱动电路，同时介绍了超声波传感器模块的应用方法。

电感传感器通常有自感式、差动变压器式和电涡流式。自感式一般可用于微小位移的测量。差动变压器式具有更高的灵明度。电涡流式传感器基于涡流效应，可以实现非接触式测量，一般对被测对象的材质有要求。

光栅尺式位移测量具有很高的分辨精度，可检测微小位移，输出信号形式为数字型，可以与 PLC、微处理器直接相接，方便性很高。但是使用不当，容易发生机械磨损。

思考题与习题

1. 简述超声波测距的基本原理。

2. 超声波的声速和哪些因素有关？在实际中如何修正？

3. 简述变隙式自感传感器的工作原理和输出特性，写出单线圈和差动线圈自感传感器的灵敏度计算公式。

4. 变隙式电感传感器(自感型)的灵敏度与哪些因素有关？要提高灵敏度可采取哪些措施？

5. 简述光栅尺的工作原理。

6. 光栅尺 A 相、B 相和 Z 相的作用是什么？如何利用它们检测位移？

CHAPTER 6

第6章

转速检测

旋转轴的转速测量在工程上经常被遇到，用于确定物体转动速度的快慢，以每分钟的转数来表达，单位为 r/min。测量转速的仪器统称为转速仪。

转速仪的种类繁多，按照测量原理可分为模拟法、计数法和同步法；按变换方式又可分为机械式、电气式、光电式和频闪式等。

6.1 霍尔传感器

6.1.1 霍尔传感器的原理

霍尔传感器是一种基于霍尔效应的磁传感器，已发展成一个品种多样的磁传感器产品族，并已得到广泛的应用。它们可以检测磁场及其变化，可在各种与磁场有关的场合中使用。

霍尔传感器具有许多优点，它们的结构牢固，体积小，重量轻，寿命长，安装方便，功耗小，频率高(可达 1MHz)，耐振动，不怕灰尘、油污、水汽及盐雾等的污染或腐蚀。霍尔线性传感器的精度高、线性度好；霍尔开关传感器无触点、无磨损、输出波形清晰、无抖动、无回跳、位置重复精度高(可达 μm 级)。采用了各种补偿和保护措施的霍尔器件的工作温度范围宽，可达－55～150℃。而霍尔传感器凭借自身的优越性，在电子、功率集成、自动控制、材料、传感、计算机等领域取得了卓越的成就。

1. 霍尔效应

将一块半导体或导体材料，沿 Z 轴方向加以磁场 $\boldsymbol{B}$，沿 X 轴方向通以工作电流 I，则在 Y 轴方向产生电动势 V_H，如图 6.1 所示，这种现象称为霍尔效应，V_H 称为霍尔电压。

实验表明，在磁场不太强时，电动势 V_H 与电流强度 I 和磁感应强度 B 成正比，与板的厚度 d 成反比，即

$$V_H = R_H \frac{IB}{d} \tag{6.1}$$

或

$$V_H = K_H IB \tag{6.2}$$

式中：R_H 为霍尔系数；K_H 为霍尔元件的灵敏度，单位 mV/(mA・T)。产生霍尔效应的原因是形成电流的、作定向运动的带电粒子即载流子(N 型半导体中的载流子是带负电

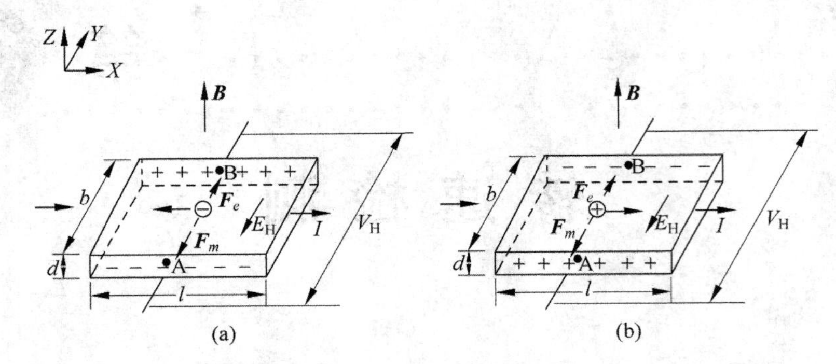

图 6.1 霍尔效应原理图

荷的电子，P 型半导体中的载流子是带正电荷的空穴)在磁场中所受到的洛伦兹力作用而产生的。

如图 6.1(a)所示，一块长为 l、宽为 b、厚为 d 的 N 型单晶薄片，置于沿 Z 轴方向的磁场 $\boldsymbol{B}$ 中，在 X 轴方向通以电流 I，则其中的载流子——电子所受的洛伦兹力为

$$\boldsymbol{F}_m = q\boldsymbol{V} \times \boldsymbol{B} = -e\boldsymbol{V} \times \boldsymbol{B} = -eVB\mathbf{j} \tag{6.3}$$

式中：$\boldsymbol{V}$ 为电子的漂移运动速度，其方向沿 X 轴的负方向；e 为电子的电荷量；$\boldsymbol{F}_m$ 指向 Y 轴的负方向。自由电子受力偏转的结果是向 A 侧面积聚，同时在 B 侧面上出现同数量的正电荷，在两侧面间形成一个沿 Y 轴负方向上的横向电场 $\boldsymbol{E}_\mathrm{H}$(即霍尔电场)，使运动电子受到一个沿 Y 轴正方向的电场力 $\boldsymbol{F}_e$，A、B 面之间的电位差为 V_H(即霍尔电压)，则

$$\boldsymbol{F}_e = q\boldsymbol{E}_\mathrm{H} = -e\boldsymbol{E}_\mathrm{H} = eE_\mathrm{H}\mathbf{j} = e\frac{V_\mathrm{H}}{b}\mathbf{j} \tag{6.4}$$

阻碍电荷的积聚，最后达稳定状态时有

$$\boldsymbol{F}_m + \boldsymbol{F}_e = 0$$

$$-eVB\mathbf{j} + e\frac{V_\mathrm{H}}{b}\mathbf{j} = 0$$

即

$$eVB = e\frac{V_\mathrm{H}}{b}$$

得

$$V_\mathrm{H} = VBb \tag{6.5}$$

此时 B 端电位高于 A 端电位。

若 N 型单晶中的电子浓度为 n，则流过样片横截面的电流为

$$I = nebdV$$

得

$$V = \frac{I}{nebd} \tag{6.6}$$

将式(6.6)代入式(6.5)得

$$V_\mathrm{H} = \frac{1}{ned}IB = R_\mathrm{H}\frac{IB}{d} = K_\mathrm{H}IB \tag{6.7}$$

通过式(6.7)可以看出，霍尔传感器的输出与本身的物理结构、流过的电流值和垂直

通过的磁感应强度有关。

2. 霍尔传感器的分类

按照霍尔传感器的功能可将它们分为霍尔线性传感器和霍尔开关传感器。前者输出模拟量，后者输出数字量。

（1）线性电路：由霍尔元件、差分放大器和射极跟随器组成。其输出电压和加在霍尔元件上的磁感强度 B 成比例，它的功能框图和输出特性如图 6.2 所示。

这类电路有很高的灵敏度和优良的线性度，适用于各种磁场检测。

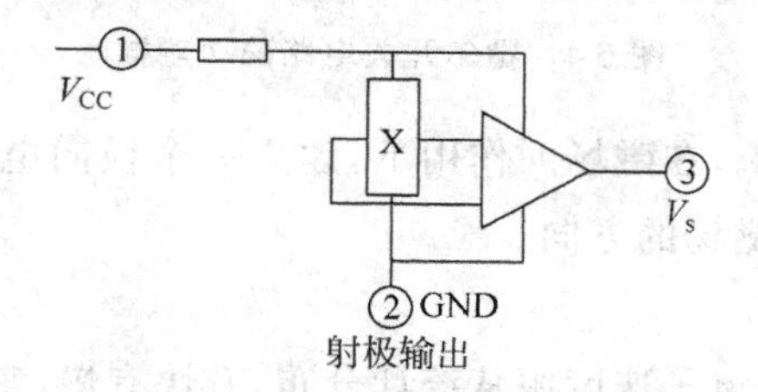

图 6.2 霍尔线性电路的功能框图

（2）开关电路：霍尔开关电路由稳压器、霍尔片、差分放大器、斯密特触发器和输出级组成。在外磁场的作用下，当磁感应强度超过导通阈值 B_{OP} 时，霍尔电路输出管导通，输出低电平。之后，B 再增加，仍保持导通态。若外加磁场的 B 值降低到 B_{RP} 时，输出管截止，输出高电平。B_{OP} 为工作点，B_{RP} 为释放点，$B_{OP}-B_{RP}=B_H$ 为回差。回差的存在使开关电路的抗干扰能力增强。霍尔开关电路的功能框见图 6.3。图 6.3(a)表示集电极开路(OC)输出，图 6.3(b)表示双 OC 输出。它们的输出特性见图 6.4。

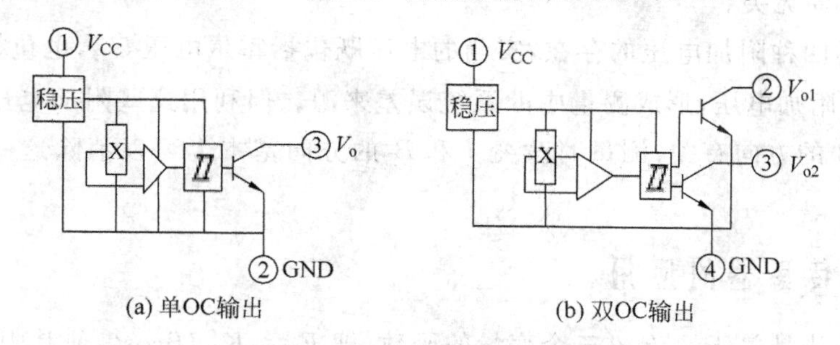

图 6.3 霍尔开关电路的功能框图

3. 霍尔效应的副效应

在测量霍尔电压时，会伴随产生一些副效应，影响测量的精确度，这些副效应如下。

1）不等位效应

由于制造工艺技术的限制，霍尔元件的电位极不可能接在同一等位面上，因此，当电流 I 流过霍尔元件时，即使不加磁场，两电极间也会产生一个电位差，称为不等位电位差 U_0 显然，U_0 只与电流 I 有关，而与磁场无关。

2）能斯特效应

由于两个电流电极与霍尔片的接触电阻不等，当有电流通过时，在两电流电极上有温

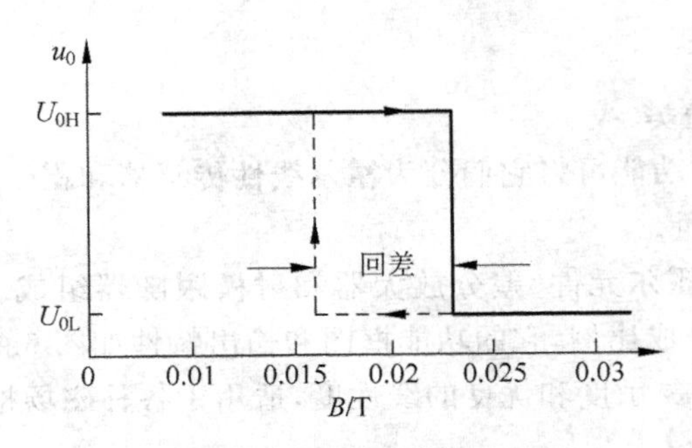

图 6.4　霍尔开关电路的功能框图

度差存在，出现热扩散电流，在磁场的作用下，建立一个横向电场 E_N，因而产生附加电压 U_N。U_N的正负仅取决于磁场的方向。

3）埃廷豪森效应

由于霍尔片内部的载流子速度服从统计分布，有快有慢，它们在磁场中受的洛伦兹力不同，则轨道偏转也不相同。动能大的载流子趋向霍尔片的一侧，而动能小的载流子趋向另一侧，随着载流子的动能转化为热能，使两侧的温升不同，形成一个横向温度梯度，引起温差电压 U_E，U_E的正负与 I、H、B 的方向有关。

4）里纪-勒杜克效应

由于热扩散电流的载流子的迁移率不同，类似于埃廷豪森效应中载流子速度不同，也将形成一个横向的温度梯度而产生相应的温度电压 U_{RL}，U_{RL}的正、负只与 B 的方向有关，和电流 I 的方向无关。

由于上述四种附加电压的存在，实测的电压既包括霍尔电压 U_H，也包括 U_0、U_E、U_N 和 U_{RL} 等这些附加电压，形成测量中的系统误差来源。但利用这些附加电压与电流 I 和磁感应强度 B 的方向有关，测量时改变 I 和 B 的方向基本上可以消除这些附加误差的影响。

6.1.2　霍尔传感器的应用

霍尔电动势是关于 I、B、θ 三个变量的函数，即 $E_H = K_H IB\cos\theta$，使其中两个量不变，将第三个量作为变量；或者固定其中一个量、其余两个量作为变量；或者三个变量的多种组合等。从而进行电流、磁场或霍尔传感器的固有常数等变量的检测。

霍尔开关电路的输出级一般是一个集电极开路的 NPN 晶体管，其使用规则和任何一种相似的 NPN 开关管相同。输出管截止时，输出漏电流很小，一般只有几 nA，可以忽略，输出电压和其电源电压相近，但电源电压最高不得超过输出管的击穿电压（即规范表中规定的极限电压）。

输出管导通时，它的输出端和线路的公共端短路，因此，必须外接一个电阻器（即负载电阻器）来限制流过管子的电流，使它不超过最大允许值（一般为 20mA），以免损坏输出管。输出电流较大时，管子的饱和压降也会随之增大，使用者应当特别注意，仅这个电压和要控制的电路的截止电压(或逻辑“零”)是兼容的。

(1) 维持 I、θ 不变,则 $E_H=f(B)$,这方面的应用有测量磁场强度的高斯计、测量转速的霍尔转速表、磁性产品计数器、霍尔角编码器以及基于微小位移测量原理的霍尔加速度计、微压力计等。

(2) 维持 I、B 不变,则 $E_H=f(\theta)$,这方面的应用有角位移测量仪等。

(3) 维持 θ 不变,则 $E_H=f(IB)$,即传感器的输出 E_H 与 I、B 的乘积成正比,这方面的应用有模拟乘法器、霍尔功率计、电能表等。

1. 一般转速测量

按图 6.5 所示的各种方法设置磁体,将它们和霍尔开关电路组合起来可以构成各种旋转传感器。霍尔电路通电后,磁体每经过霍尔电路一次,B 变化,根据式(6.7),便输出一个电压脉冲。在单位时间内,计量脉冲个数,便可以得到转速。

在被测转速的转轴上安装一个齿盘,也可选取机械系统中的一个齿轮,将霍尔线性传感器及磁路系统靠近齿盘。齿盘的转动使磁路的磁阻随气隙的改变而周期性变化,霍尔传感器输出的微小脉冲信号经隔直、放大、整形后可以确定被测物的转速。

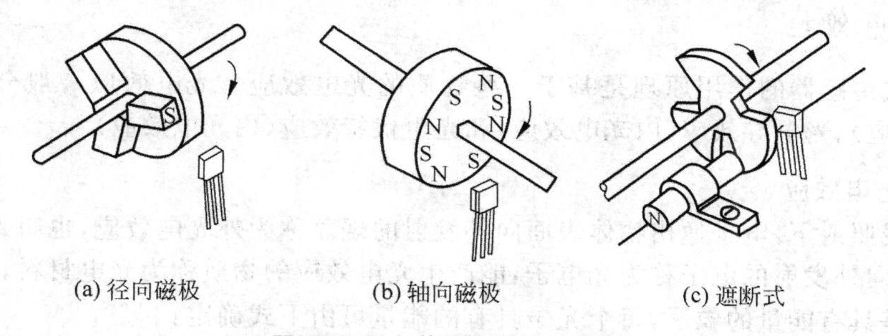

图 6.5　霍尔传感器的速度检测

2. 齿轮转速测量

在图 6.6 和图 6.7 中,当齿对准霍尔传感器时,磁力线集中穿过霍尔传感器,可产生较大的霍尔电动势,放大、整形后输出高电平;反之,当齿轮的空挡对准霍尔传感器时,输出为低电平。

图 6.6　齿轮的转速测量

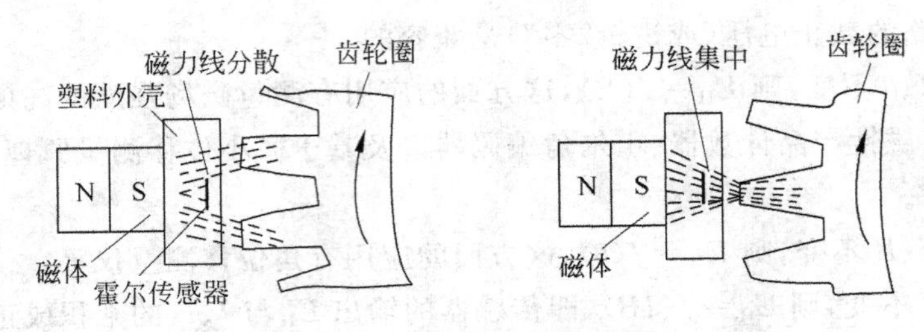

图 6.7 齿轮状物体转速的测量

6.2 光电式传感器

光电式传感器是将光信号转换成电信号的光敏器件，它可用于检测直接引起光强变化的非电量，如光强、辐射测温、气体成分等；也可用来检测能转换成光量变化的其他非电量，如零件线度、表面粗糙度、位移、速度、加速度等。光电式传感器具有响应快、性能可靠、能实现非接触测量等优点，因而在检测和控制领域获得广泛应用。

6.2.1 光电效应

光电式传感器的作用原理是基于一些物质的光电效应。光电效应一般分光电效应(外光电效应)、光电导效应(内光电效应)和光生伏特效应(内光电效应)。

1. 外光电效应

在光线照射下，电子逸出物体表面向外发射的现象称为外光电效应，也叫光电发射效应。其中，向外发射的电子称为光电子，能产生光电效应的物质称为光电材料。

光子是具有能量的粒子，每个光子具有的能量可由下式确定：

$$E = h\gamma \tag{6.8}$$

式中：h 为普朗克常数，$h = 6.626\times10^{-34}$，J·s；γ 为光的频率，s^{-1}。

物体在光的照射下，电子吸收光子的能量后，一部分用于克服物质对电子的束缚，另一部分转化为逸出电子的动能。设电子质量为 $m(m=9.1091\times10^{-31}\text{kg})$，电子逸出物体表面时的初速度为 v，电子逸出功为 A，则根据能量守恒定律有

$$E = \frac{1}{2}mv^2 + A \tag{6.9}$$

这个方程称为爱因斯坦的光电效应方程。从式(6.9)可以看出，只有当光子的能量 E 大于电子逸出功 A 时，物质内的电子才能脱离原子核的吸引向外逸出。

由于不同的材料具有不同的逸出功，因此对某种材料而言便有一个频率限，这个频率限称为红限频率。当入射光的频率低于红限频率时，无论入射光多强，照射时间多久，都不能激发出光电子；当入射的光频率高于红限频率时，不管它多么微弱，也会使被照射的物体激发电子。而且光越强，单位时间里入射的光子数就越多，激发出的电子数目越多，因而光电流就越大。光电流与入射的光强度成正比。

2. 内光电效应

在光线照射下，物体内的电子不能逸出物体表面，而使物体的电导率发生变化或产生

光生电动势的效应称为内光电效应。内光电效应又可分为光电导效应和光生伏特效应。

1）光电导效应

在光线作用下，电子吸收光子能量后而引起物质电导率发生变化的现象称为光电导效应。这种效应在绝大多数高电阻率半导体材料都存在，因为当光照射到半导体材料上时，材料中处于价带的电子吸收光子能量后，从价带越过禁带激发到导带，从而形成自由电子，同时，价带也会因此形成自由空穴，即激发出电子-空穴对，从而使导带的电子和价带的空穴浓度增加，引起材料的电阻率减小，导电性能增强，如图 6.8 所示。

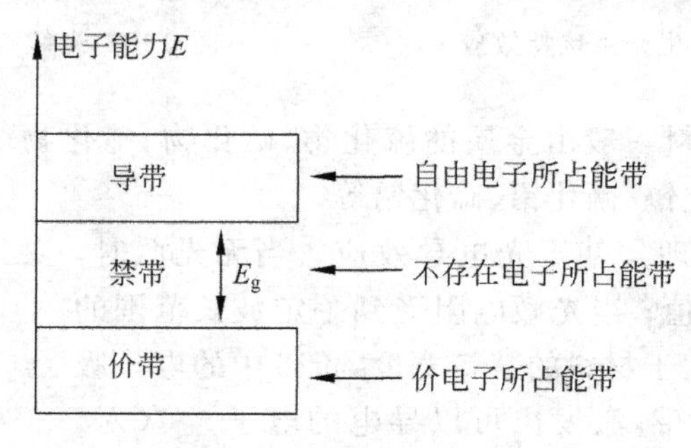

图 6.8 电子能级示意图

为了使电子从价带跃迁到导带，入射光的能量必须大于光电材料的禁带宽度 E_g，即光的波长应小于某一临界波长 λ_0，λ_0 称为截止波长。

$$\lambda_0 = \frac{hc}{E_g} \tag{6.10}$$

式中：E_g 为电子伏，$1\text{eV}=1.60\times10^{-1}\text{J}$；$c$ 为光速，m/s；h 为普朗克常数，$h=6.626\times10^{-34}$，J·S

2）光生伏特效应

在光线照射下，半导体材料吸收光能后，引起 PN 结两端产生电动势的现象称为光生伏特效应。当 PN 结两端没有外加电压时，PN 结存在内电场，其方向是从 N 区指向 P 区，如图 6.9 所示。当光照射到 PN 结上时，如果光子的能量大于半导体材料的禁带宽度，电子就能够从价带激发到导带成为自由电子，价带成为自由空穴。从而在 PN 结内产生电子-空穴对。这些电子-空穴对在 PN 结的内部电场作用下，电子移向 N 区，空穴移向 P 区，电子在 N 区积累，空穴在 P 区积累，从而使 PN 结两端形成电位差，PN 结两端便产生了光生电动势。

3. 光敏电阻

光敏电阻又称为光导管。光敏电阻几乎都是用半导体材料制成。光敏电阻的结构较简单，如图 6.10 所示。在玻璃底板上均匀地涂上薄薄的一层半导体物质，半导体的两端装上金属电极，使电极与半导体层可靠电接触，然后将它们压入塑料封装体内。为了防止周围介质的污染，在半导体光敏层上覆盖一层漆膜，漆膜成分的选择应该使它在光敏层最敏感的波长范围内透射率最大。

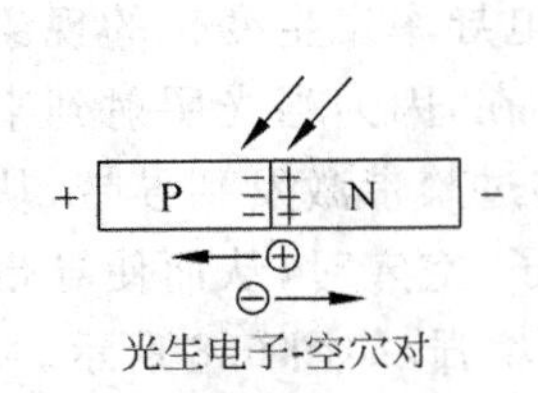

图 6.9 PN 结产生光生伏特效应

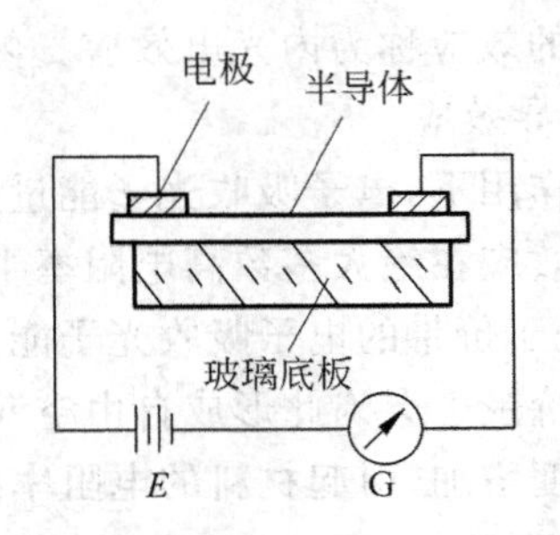

图 6.10 光敏电阻的结构

制作光敏电阻的材料一般由金属的硫化物、硒化物、碲化物等组成，如硫化镉、硫化铅、硫化铊、硫化铋、硒化镉、硒化铅、碲化铅等。

光敏电阻的工作原理是基于光电导效应。当无光照时，光敏电阻具有很高的阻值；当光敏电阻受到一定波长范围的光照射时，光子的能量大于材料的禁带宽度，价带中的电子吸收光子能量后跃迁到导带，激发出可以导电的电子-空穴对，使电阻降低；光线越强，激发出的电子-空穴对越多，电阻值越低；光照停止后，自由电子与空穴复合，导电性能下降，电阻恢复原值。

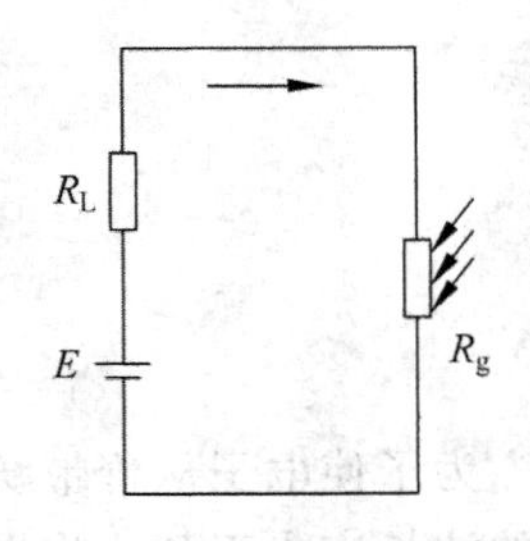

图 6.11 光敏电阻接线电路

如果把光敏电阻连接到外电路中，在外加电压的作用下，用光照射就能改变电路中电流的大小，光敏电阻接线电路如图 6.11 所示。

光敏电阻在受到光的照射时，由于内光电效应使其导电性能增强，电阻 R_g 值下降，所以流过负载电阻 R_L 的电流及其两端电压也随之变化。

6.2.2 光生伏特器件

基于光生伏特效应工作原理制成的光电器件有光敏二极管、光敏三极管和光电池。

1. 光敏二极管

1）光敏二极管的结构

光敏二极管的结构与普通半导体二极管结构类似。图 6.12 是光敏二极管的结构图。在光敏二极管管壳上有一个能射入光线的玻璃透镜，入射光通过玻璃透镜正好照射在管芯上。发光二极管的管芯是一个具有光敏特性的 PN 结，它被封装在管壳内。发光二极管管芯的光敏面是通过扩散工艺在 N 型单晶硅上形成的一层薄膜。光敏二极管的管芯以及管芯上的 PN 结面积做得较大，而管芯上的电极面积做得较小，PN 结的结深比普通半导体二极管做得浅，这些结构上的特点都是为了提高光电转换的能力。另外与普通的硅半导体二极管一样，在硅片上生长了一层 SiO_2 保护层，它把 PN 结的边缘保护起来，从而提高了管子的稳定性，减小了暗电流。

2）光敏二极管的工作原理

光敏二极管和普通半导体二极管一样，它的 PN 结具有单向导电性，因此光敏二极管工作时应加上反向电压，如图 6.13 所示。当无光照时，处于反偏的光电二极管工作在截

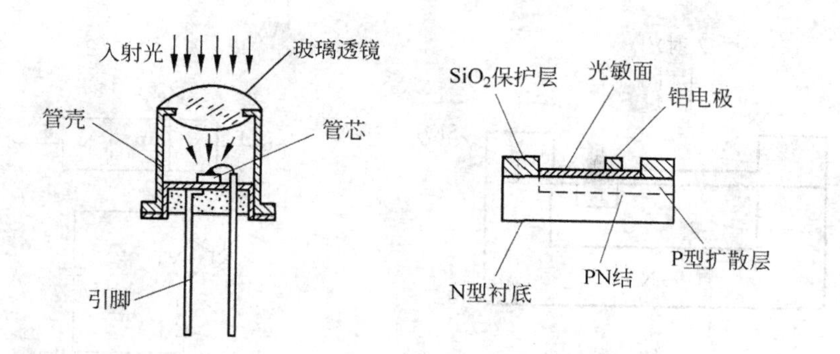

图 6.12 光敏二极管的原理

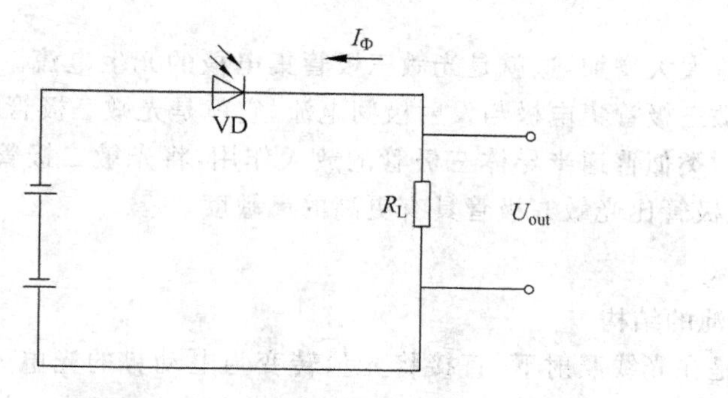

图 6.13 光敏二极管电路图

止状态，这时只有少数载流子在反向偏压的作用下，越过阻挡层形成微小的反向电流，即暗电流。反向电流小的原因是在 PN 结中，P 型中的电子和 N 型中的空穴很少。当光照射在 PN 结上时，PN 结附近受光子轰击，吸收其能量而产生电子-空穴对，使得 P 区和 N 区的少数载流子浓度增加，在外加反偏电压和内电场的作用下，P 区的少数载流子越过阻挡层进入 N 区，N 区的少数载流子越过阻挡层进入 P 区，从而使通过 PN 结反向电流增加，形成光电流。光电流流过负载电阻 R_L 时，在电阻两端将得到随入射光变化的电压信号。光敏二极管就是这样完成光电功能转换的。

2. 光敏三极管

1）光敏三极管的结构

光敏三极管是具有 NPN 或 PNP 结构的半导体管，它在结构上与普通半导体三极管类似，光敏三极管的结构如图 6.14 所示。为适应光电转换的要求，它的基区面积做得较大，发射区面积做得较小，入射光主要被基区吸收。和光敏二极管一样，管子的芯片被装在带有玻璃透镜的金属管壳内，当光照射时，光线通过透镜集中照射在芯片上。

2）光敏三极管的原理

将光敏三极管接在如图 6.15 所示的电路中，光敏三极管的集电极接正电压，其发射极接负电压。当无光照射时，流过光敏三极管的电流就是正常情况下光敏三极管集电极与发射极之间的穿透电流 I_{ceo}，也是光敏三极管的暗电流。

当有光照射在基区时，激发产生的电子-空穴对增加了少数载流子的浓度，使集电极

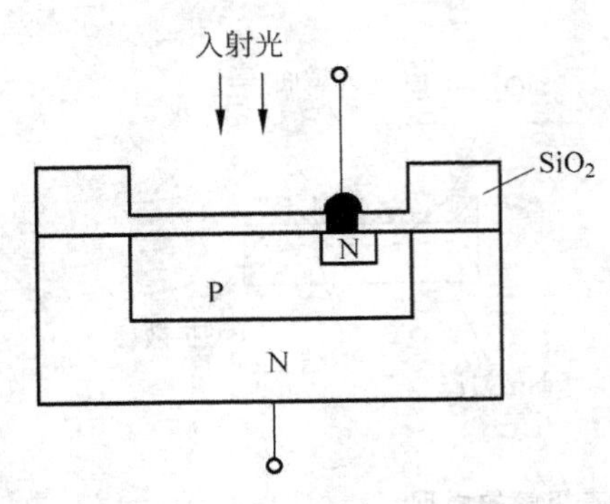

图 6.14 光敏三极管的结构图

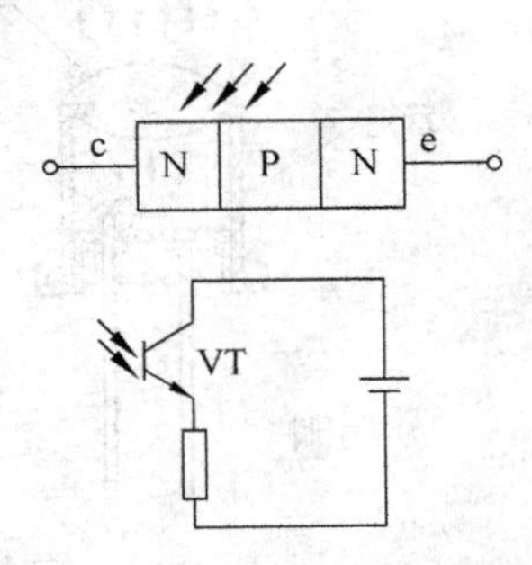

图 6.15 光敏三极管电路图

反向饱和电流大大增加，这就是光敏三极管集电极的光生电流。该电流注入发射极进行放大成为光敏三极管集电极与发射极间电流，它就是光敏三极管的光电流。可以看出，光敏三极管利用类似普通半导体三极管的放大作用，将光敏二极管的光电流放大了 h_{fe} 倍。所以，光敏三极管比光敏二极管具有更高的灵敏度。

3. 光电池

1）光电池的结构

光电池是在光线照射下，直接将光量转变为电动势的光电元件，实质上它就是电压源。这种光电器件是基于阻挡层的光电效应。硅光电池是在一块 N 型硅片上，用扩散的方法掺入一些 P 型杂质（例如硼）形成 PN 结，如图 6.16 所示。

2）光电池的原理

入射光照射在 PN 结上时，若光子能量大于半导体材料的禁带宽度，则在 PN 结内产生电子-空穴对，在内电场的作用下，空穴移向 P 型区，电子移向 N 型区，使 P 型区带正电，N 型区带负电，因而 PN 结产生电势。当光照射到 PN 结上时，如果在两级间串接负载电阻，则在电路中便产生电流，如图 6.17 所示。

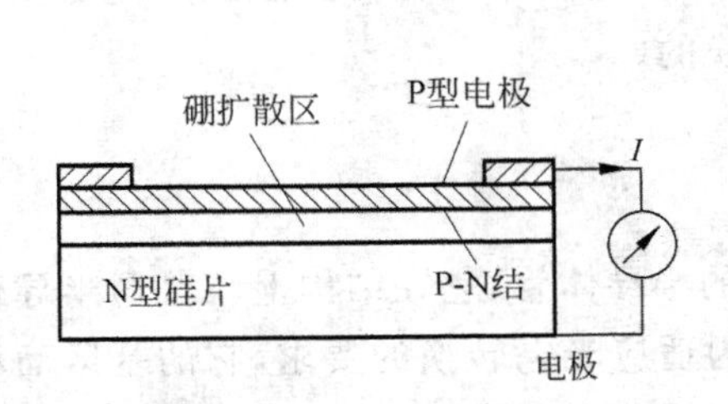

图 6.16 硅光电池结构示意图

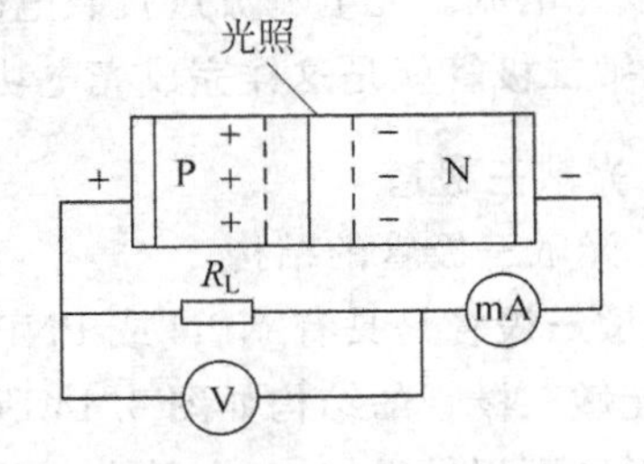

图 6.17 硅光电池原理图

6.2.3 外光电效应器件

基于外光电效应工作原理制成的光电器件，一般是真空的或充气的光电器件，如光电管和光电倍增管。

1. 光电管

1）光电管的结构

光电管由一个涂有光电材料的阴极和一个阳极构成，并且密封在一只真空玻璃管内。阴极通常用逸出功小的光敏材料涂敷在玻璃泡内壁上做成，阳极通常用金属丝弯曲成矩形或圆形置于玻璃管的中央。真空光电管的结构如图 6.18 所示。

2）光电管的工作原理

当光电管的阴极受到适当波长的光线照射时，便有电子逸出，这些电子被具有正电位的阳极所吸引，在光电管内形成空间电子流。如果在外电路中串入一适当阻值的电阻，则在光电管组成的回路中形成电流 I，并在负载电阻 R_L 上产生输出电压 U_{out}。在入射光的频谱成分和光电管电压不变的条件下，输出电压 U_{out} 与入射光通量 Φ 成正比，如图 6.19 所示。

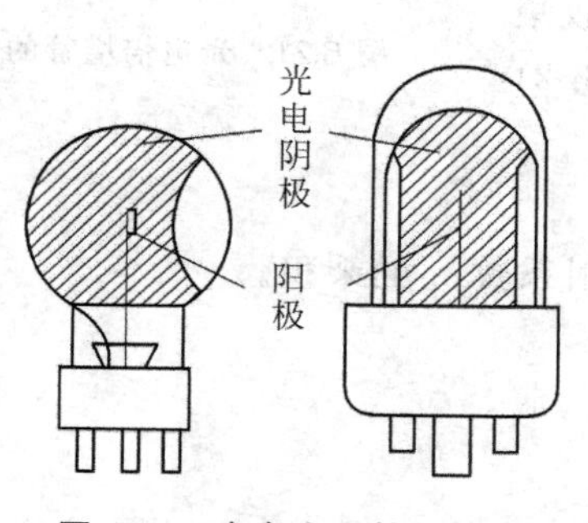

图 6.18 真空光电管的结构

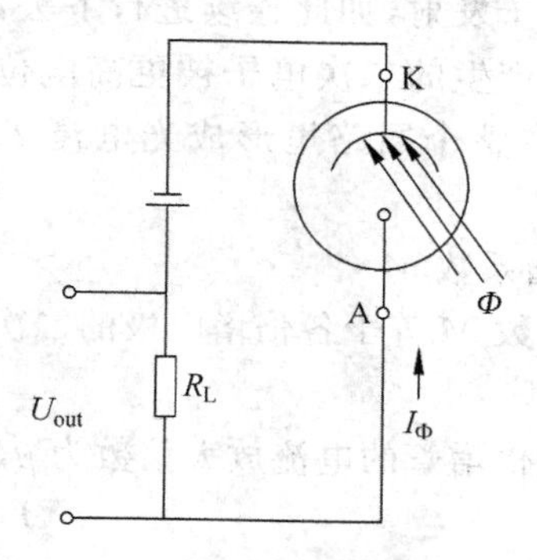

图 6.19 光电管电路

2. 光电倍增管

当入射光很微弱时，普通光电管产生的光电流很小，只有零点几微安，很不容易探测。为了提高光电管的灵敏度，常用光电倍增管对电流进行放大。

1）光电倍增管的结构

光电倍增管由光阴极、次阴极（倍增电极）以及阳极三部分组成，如图 6.20 所示。光阴极由半导体光电材料锑铯做成，次阴极是在镍或铜-铍的衬底上涂上锑铯材料而形成，次阴极多的可达 30 级，通常为 12～14 级。阳极是最后用来收集电子的，它输出的是电压脉冲。

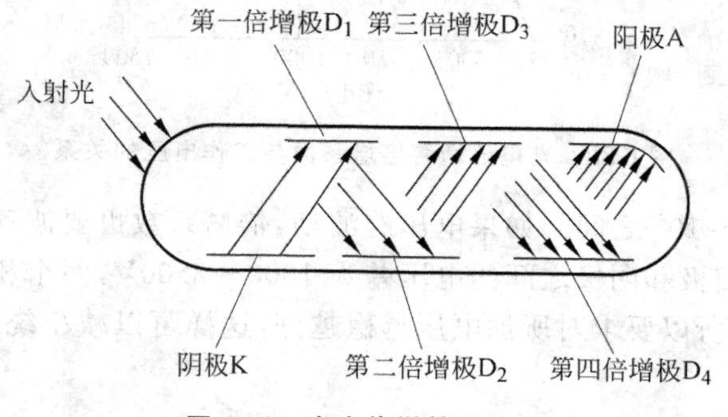

图 6.20 光电倍增管的结构

2）光电倍增管的工作原理

光电倍增管是利用二次电子释放效应，将光电流在管内部放大。所谓的二次电子是指当电子或光子以足够大的速度轰击金属表面而使金属内部的电子再次逸出金属表面，这种再次逸出金属表面的电子叫作二次电子。

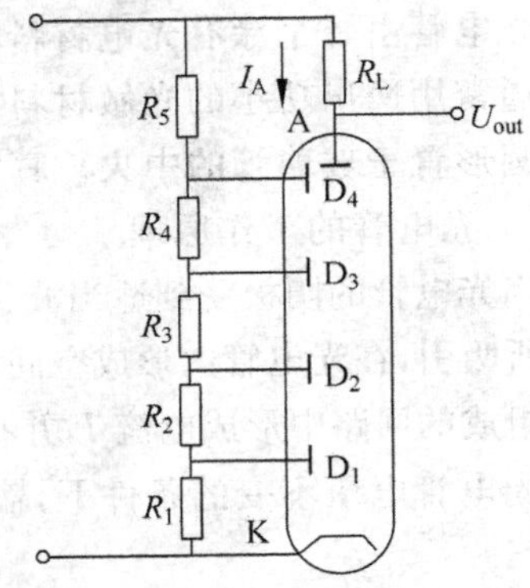

图 6.21 光电倍增管的电路

光电倍增管的光电转换过程为：当入射光的光子打在光电阴极上时，光电阴极发射出电子，该电子流又打在电位较高的第一倍增极上，于是又产生新的二次电子；第一倍增极产生的二次电子又打在比第一倍增极电位高的第二倍增极上，该倍增极同样也会产生二次电子发射，如此连续进行下去，直到最后一级的倍增极产生的二次电子被更高电位的阳极收集为止，从而在整个回路里形成光电流 I_A，如图 6.21 所示。

3）倍增系数 M

倍增系数 M 等于各倍增电极的二次电子发射系数 δ_i 的乘积。

$$M = \delta_i^n \tag{6.11}$$

设光电倍增管的电流放大倍数为 β，则

$$I = i\delta_i^n \tag{6.12}$$

$$\beta = I/i = \delta_i^n \tag{6.13}$$

光电倍增管的倍增系数与工作电压的关系是光电倍增管的重要特性。随着工作电压的增加，倍增系数 M 也相应增加，图 6.22 给出了典型光电倍增管的这一特性。

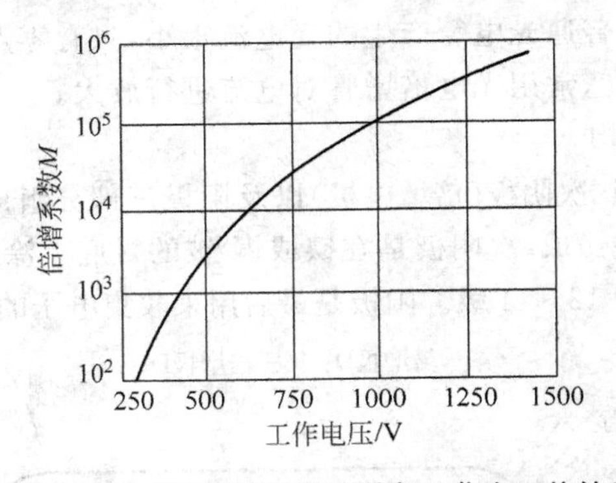

图 6.22 光电倍增管倍增系数与工作电压的关系

一般 M 在 $10^5 \sim 10^6$ 之间。如果电压有波动，倍增系数也要波动，因此 M 具有一定的统计涨落。一般阳极和阴极之间的电压差为 1000～2500V，两个相邻的倍增电极的电位差为 50～100V。所以要求对所加电压越稳越好，这样可以减小统计涨落，从而减小测量误差。

6.2.4　光电式传感器的转速测量

直接测量转速的方法很多，可以采用各种光电式传感器。光电式传感器在工业上的应用可归纳为直射式、反射式、投射式和光电编码器四种基本形式。

1. 直射式

直射式光电转速传感器由开孔圆盘、光源、光敏元件及缝隙板等组成，如图 6.23 所示。开孔圆盘的输入轴与被测轴相连接，光源发出的光通过开孔圆盘和缝隙板照射到光敏元件上被光敏元件接收，将光信号转化为电信号输出。开孔圆盘上有许多小孔，开孔圆盘每旋转一周，由于遮光和透光的原因，光敏元件输出的脉冲个数等于圆盘的开孔数，因此，可通过测量光敏元件输出的脉冲频率，得知被测对象的转速，即

$$n = f/N \tag{6.14}$$

式中：n 为转速；f 为脉冲频率；N 为圆盘开孔数。图 6.24 为 ST150 直射式光电传感器的外部和内部结构图。

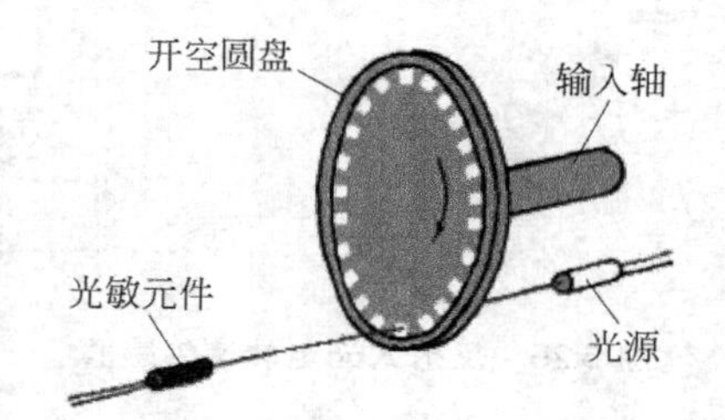

图 6.23　直射式光电转速传感器的工作原理

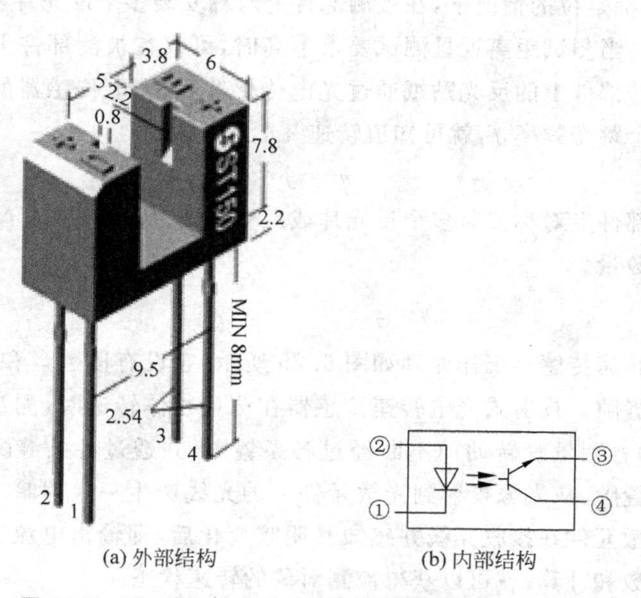

(a) 外部结构　(b) 内部结构

图 6.24　ST150 直射式光电转速传感器的外部与内部结构

2. 反射式

反射式光电转速传感器自带一个光源和一个光接收装置，光源发出的光经过待测物体的反射被光敏元件接收，再经过相关电路的处理得到所需要的信息。常见的反射式传感器的实物图和典型内部原理图如图 6.25 所示。

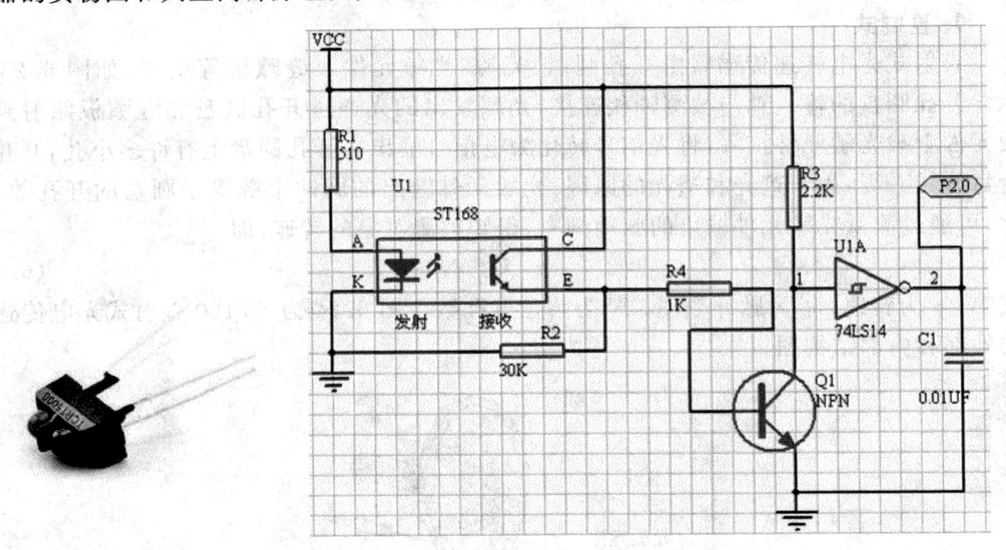

图 6.25 反射式光电转速传感器

反射式光电传感器主要由被测旋转部件、反光片(或反光贴纸)、反射式光电传感器组成，在可以进行精确定位的情况下，在被测部件上对称安装多个反光片或反光贴纸会取得较好的测量效果。当测试距离近且测试要求不高时，可仅在被测部件上安装了一片反光贴纸，此时，当旋转部件上的反光贴纸通过光电传感器时，光电传感器的输出就会跳变一次。通过测出这个跳变频率 f，就可知道转速 n。

$$n = f \tag{6.15}$$

如果在被测部件上对称安装多个反光片或反光贴纸，那么，$n=f/N$。其中 N 为反光片或反光贴纸的数量。

3. 投射式

投射式光电转速传感器工作原理如图 6.26 所示，它设有读数盘和测量盘，两者之间存在间隔相同的缝隙。投射式光电转速传感器在测量物体转速时，测量盘会随着被测物体转动，光线则随着测量盘转动而不断经过各条缝隙，并透过各条缝隙投射到光敏元件上。每转过一条缝隙，从光源投射到光敏元件上的光线产生一次明暗变化。投射式光电转速传感器的光敏元件在接收光线并感知其明暗变化后，即输出电流脉冲信号。通过在一段时间内的计数和计算，就可以获得被测对象的转速状态。

4. 光电编码器

光电编码器是一种通过光电转换将输出轴上的机械几何位移量转换成脉冲或数字量

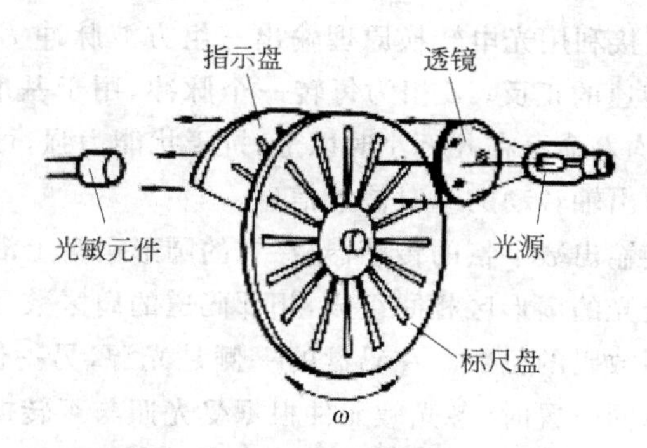

图 6.26 投射式光电转速传感器工作原理

的传感器。光电编码器由光栅盘和光电检测装置组成。光栅盘是在一定直径的圆板上等分地开通若干个长方形孔。由于光电码盘与电动机同轴,电动机旋转时,光栅盘与电动机同速旋转,经发光二极管等电子元件组成的检测装置检测输出若干脉冲信号,其原理示意图如图 6.27 所示,实物如图 6.28 所示;通过计算每秒光电编码器输出脉冲的个数就能反映当前电动机的转速。此外,为判断旋转方向,码盘还可提供相位相差 90°的两路脉冲信号。

光电编码器可分为增量式编码器和绝对编码器。

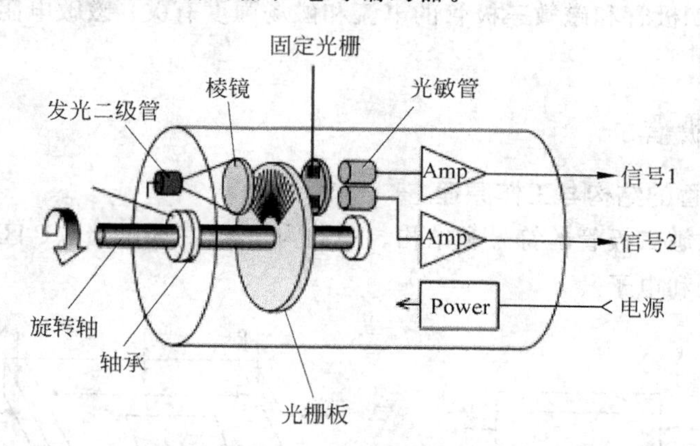

图 6.27 光电编码器工作原理

图 6.28 光电编码器实物

增量式编码器是直接利用光电转换原理输出三组方波脉冲 A、B 和 Z 相；A、B 两组脉冲相位差 90°，反映转速的正反；Z 相为每转一个脉冲，用于基准点定位。它的优点是原理构造简单，机械平均寿命可在几万小时以上，抗干扰能力强，可靠性高，适合于长距离传输。其缺点是无法输出轴转动的绝对位置信息。

绝对编码器是直接输出数字量的传感器，在它的圆形码盘上沿径向有若干同心码道，每条道上由透光和不透光的扇形区相间组成，相邻码道的扇区数目是双倍关系，码盘上的码道数就是它的二进制数码的位数。在码盘的一侧是光源，另一侧对应每一码道有一光敏元件。当码盘处于不同位置时，各光敏元件根据受光照与否转换出相应的电平信号，形成二进制数。这种编码器的特点是不要计数器，在转轴的任意位置都可读出一个固定的与位置相对应的数字码。显然，码道越多，分辨率就越高，对于一个具有 N 位二进制分辨率的编码器，其码盘必须有 N 条码道。

6.3 磁敏二极管、磁敏三极管和磁敏电阻

磁敏晶体管是继霍尔元件之后发展起来的一种新型磁电转换器件，它具有磁灵敏度高、响应快、无触点、输出功率大等特点，因此在电磁测量、工业控制及检测技术方面得到广泛应用。磁敏二极管和磁敏三极管的电流和磁场强度有关；磁敏电阻的阻值和磁场强度有关。

6.3.1 磁敏二极管

1. 磁敏二极管的结构与工作原理

图 6.29 为磁敏二极管的符号和结构。中间为 I 区(高纯度锗)、P 区、N 区、γ 区(高复合区，可复合空穴和电子)。

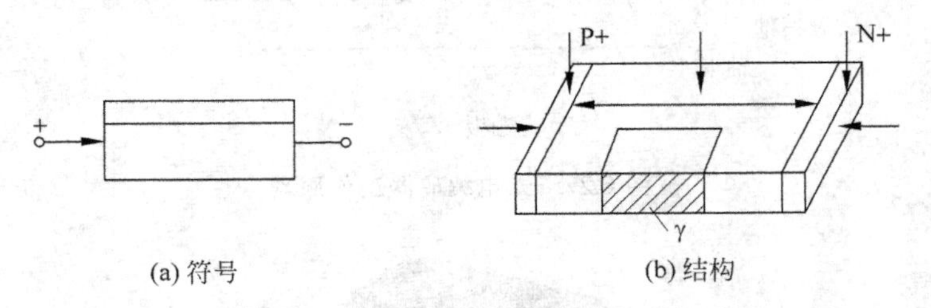

(a) 符号　　(b) 结构

图 6.29　磁敏二极管的符号和结构

磁敏二极管是一种电阻随磁场的大小和方向均改变的结型两端器件，在一块高纯本征半导体材料锗的两端用合金法或扩散法分别制成 P 型和 N 型区，I 区是本征区或空间电荷区，其长度 L 比载流子扩散长度大数倍，并在 I 区的一个侧面制成高复合区，其作用是增加电子和空穴在这一区域的复合率，与 I 区相对的面为光滑面。

当磁敏二极管两端加正向电压，但没有磁场作用时，在正偏压的作用下，大部分载流子注入 P 区和 N 区产生电流，只有很少部分在 I 区和 γ 区复合掉，此时 I 区有固定阻值，

形成稳定的电流 I，磁敏二极管呈稳定状态，如图 6.30(a)所示。当磁敏二极管两端加正向电压，而且外加磁场 $H+$ 作用时，正偏压下运动的载流子受洛伦兹力的作用向光滑面偏转，并被反射回 I 区，使本征区载流子浓度增加，电阻减小，电流增大，如图 6.30(b)所示。当磁敏二极管两端加正向电压，并外加磁场 $H-$ 作用时，从 P 区注入 I 区的空穴和从 N 区注入 I 区的电子两种载流子在 $H-$ 的作用下，由于洛伦兹力的作用，两种载流子均偏高复合区 γ，载流子复合率增加，其浓度减少，I 区电阻增大，使电流减小，如图 6.30(c)所示。当磁场的大小变化，磁敏二极管的电阻也随着改变，当磁场大到一定程度(约 0.3T)时，I 区阻值不再随磁场强度增加而增大，即磁敏二极管趋向饱和稳定状态。由以上分析可知，因为磁敏二极管在不同磁场的作用下其输出信号的增量方向和大小不同，因此它可用来检测磁场的方向和大小。

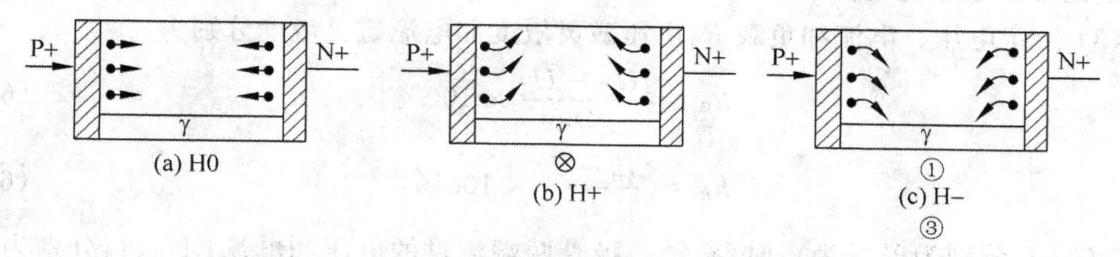

图 6.30　磁敏二极管在磁场下的作用

2. 磁敏二极管的重要特性

1) 伏安特性

伏安特性是指在给定磁场下，磁敏二极管两端正向偏压和通过它的电流的关系。对于锗磁敏二极管，开始电流变化平坦，而后伏安特性曲线上升快，动态电阻阻值小。硅磁敏二极管具有负阻现象，即在一段区间内，正向偏压减少，电流增加。

2) 磁电特性

磁敏二极管的磁电特性如图 6.31 所示。

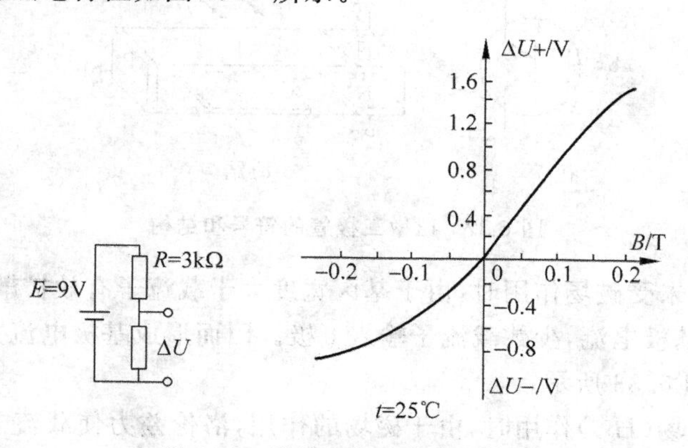

图 6.31　磁敏二极管的磁电特性

3) 频率特性

一般来说，硅磁敏二极管的响应上限频率为 1MHz；锗磁敏二极管响应上限频率为 10kHz。

4）磁灵敏度

（1）恒流条件下，电压相对磁灵敏度 h_u 为

$$h_u = \frac{U_B - U_0}{U_0} \times 100\% \tag{6.16}$$

式中：U_0为磁感应强度为零时，磁敏二极管两端电压；U_B为磁感应强度为 B 时，磁敏二极管两端电压。

（2）恒压条件下，电流相对磁灵敏度 h_i 为

$$h_i = \frac{I_B - I_0}{I_0} \times 100\% \tag{6.17}$$

式中：I_0为给定偏压下，磁场为零时通过磁敏二极管的电流；I_B为给定偏压下，磁场为 B 时通过磁敏二极管的电流。

（3）给定电压、电流和负载 R，电压磁灵敏度和电流磁灵敏度分别为

$$h_{Ru} = \frac{U_B - U_0}{U_0} \times 100\% \tag{6.18}$$

$$h_{Ri} = \frac{I_B - I_0}{I_0} \times 100\% \tag{6.19}$$

式中：U_0、I_0分别为磁场为零时，磁敏二极管两端流过的电压和电流；U_B、I_B分别为磁场为 B 时，磁敏二极管两端流过的电压和电流。

6.3.2 磁敏三极管

1. 磁敏三极管的结构与工作原理

磁敏三极管的符号及结构如图 6.32 所示。在弱 P 型或弱 N 型本征半导体上用合金法或扩散法形成发射极、基极和集电极。基区较长，基区结构类似磁敏二极管，有高复合速率的 r 区和本征 I 区。长基区分为运输基区和复合基区。

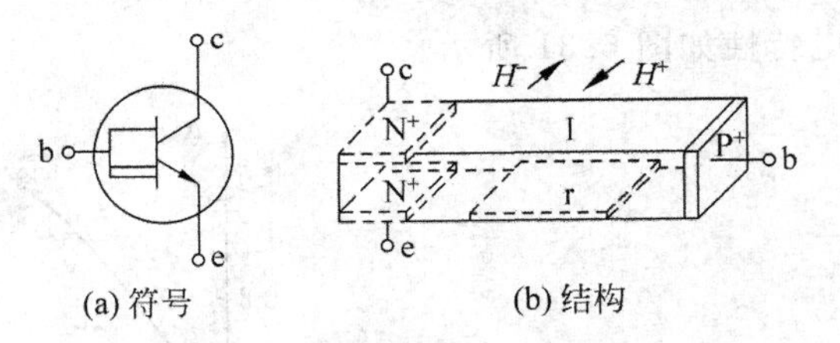

(a) 符号　　(b) 结构

图 6.32　磁敏三极管的符号和结构

当磁敏三极管未受磁场作用时，由于基区宽度大于载流子有效扩散长度，大部分载流子通过 e-I-b 形成基极电流，少数载流子输入 c 极。因而形成基极电流大于集电极电流的情况，使 $\beta<1$，如图 6.33 所示。

当受到正向磁场（H^+）作用时，由于磁场的作用，洛伦兹力使载流子偏向发射结的一侧，导致集电极电流显著下降，如图 6.34(a)所示；当反向磁场（H^-）作用时，在 H^- 的作用下，载流子向集电极一侧偏转，使集电极电流增大，如图 6.34(b)所示。

由此可知，磁敏三极管在正、反向磁场作用下，其集电极电流出现明显变化。这样就可以利用磁敏三极管来测量弱磁场、电流、转速、位移等物理量。

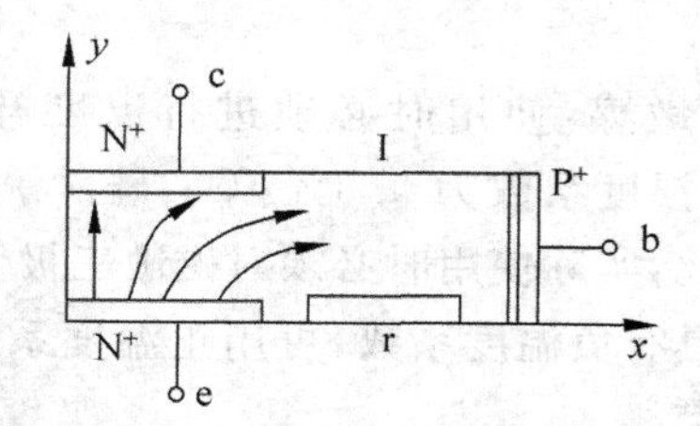

图 6.33 磁敏三极管未受磁场作用

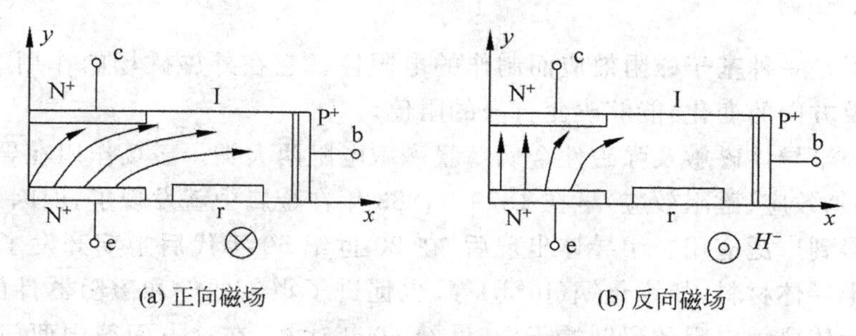

图 6.34 磁敏三极管工作原理

2. 磁敏三极管的主要特性

1）伏安特性

与普通晶体管的伏安特性曲线类似。由图 6.35 可知，磁敏三极管的电流放大倍数小于 1。

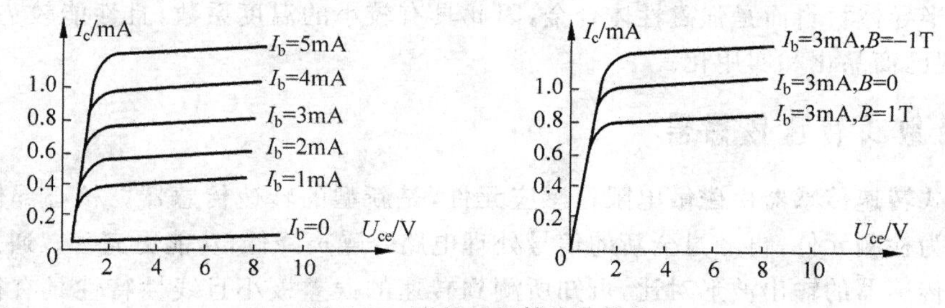

图 6.35 磁敏三极管伏安特性

2）磁电特性

磁敏三极管的磁电特性是应用的基础，图 6.36 为国产 NPN 型 3BCM（锗）磁敏三极管的磁电特性，在弱磁场作用下，曲线接近一条直线。

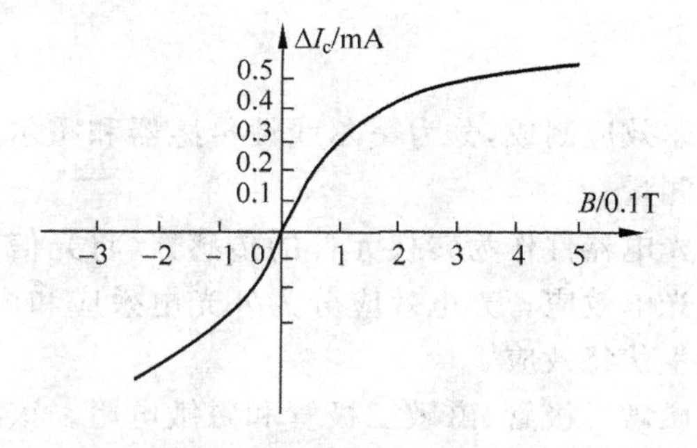

图 6.36 磁敏三极管 3BCM 的工作原理

3）温度特性及其补偿

磁敏三极管对温度比较敏感，使用时必须进行温度补偿。对于锗磁敏三极管如3ACM、3BCM，其磁灵敏度的温度系数为0.8%/℃；硅磁敏三极管(3CCM)磁灵敏度的温度系数为－0.6%/℃。因此，实际使用时必须对磁敏三极管进行温度补偿。

对于硅磁敏三极管因其具有负温度系数，可用正温度系数的普通硅三极管来补偿因温度而产生的集电极电流的漂移。

6.3.3 磁敏电阻

磁敏电阻是一种基于磁阻效应而制作的电阻体。它在外施磁场的作用下(包括外施磁场的强度及方向的变化)能够改变自身的阻值。

它可分为半导体磁敏及强磁性金属薄膜磁敏电阻两大类。磁场作用在导体上的各种物理效应(霍尔效应、磁阻效应)早在1879—1883年在金属中就发现了，但因效应不显著，长期以来未得到广泛应用。半导体出现后，在20世纪50年代后半期开发了高迁移率的新型化合物半导体材料，如锑化铟(InSb)等，也促进了霍尔器件和磁阻器件的研究、开发和应用。半导体磁敏电阻的研制始于20世纪60年代初，在这方面德国西门子公司较为权威，继而是日本、美国、俄罗斯、西欧等国。

强磁性金属薄膜磁敏电阻是用强磁性合金材料制成的一种薄膜型磁敏电阻器件，其作用原理是强磁性体的磁阻效应，它和半导体磁敏电阻不同，除对磁场强度敏感(和半导体磁敏电阻的相同点)外，对磁场的方向也十分敏感(和半导体磁敏电阻的不同点)。由于薄膜不是半导体材料而是强磁性体合金，因此具有较小的温度系数，且性能较为稳定、灵敏度高，现已商品化和实用化。

6.3.4 磁敏式转速传感器

磁敏式转速传感器由磁敏电阻作感应元件，是新型的转速传感器。核心部件采用磁敏电阻作为检测元件，再经过全新的信号处理电路令噪声降低，功能更完善。通过与其他类型转速传感器的输出波形对比，可知所测到转速的误差极小且线性特性具有很好的一致性。感应对象为磁性材料或导磁材料，如磁钢、铁和电工钢等。当被测体上带有凸起(或凹陷)的磁性或导磁材料，随着被测物体转动时，传感器输出与旋转频率相关的脉冲信号，达到测速或位移检测的目的。

本章小结

霍尔传感器基于霍尔效应制成，分为霍尔线性传感器和霍尔开关传感器。霍尔开关传感器可以用于转速的测量。

光电式传感器是以光电器件作为转换元件的传感器，将光信号转换为电信号。它的转换原理是基于物质的光电效应。光电效应分为外光电效应和内光电效应，内光电效应又分为光电导效应和光生伏特效应。

磁敏元件可以分为磁敏二极管、磁敏三极管和磁敏电阻。该类磁敏元件也可以用于转速的检测。

思考题与习题

1. 什么是霍尔效应？和哪些因素有关？

2. 霍尔效应如何测量转速？

3. 光电效应有哪几种？与之对应的光电器件各有哪些？

4. 光电传感器有哪几种常见形式？各有哪些用途？

5. 简述光电传感器测量转速的方法。

6. 试比较光敏电阻、光电池、光敏二极管和光敏三极管的性能差异，并简述在不同场合下应选用哪种器件最为合适。

7. 磁敏电阻的特性是什么？如何用于转速测量？

第7章 CHAPTER 7

气体检测

气体传感器主要有半导体传感器(电阻型和非电阻型)、绝缘体传感器(接触燃烧式和电容式)、电化学式传感器(恒电位电解式、伽伐尼电池式)、光学气体传感器(直接吸收式、光反应式、气体光学特性式)等类型。

(1) 电阻型半导体气敏元件是根据半导体接触到气体时其阻值的改变来检测气体的浓度；非电阻型半导体气敏元件则是根据气体的吸附和反应使其某些特性发生变化对气体进行直接或间接的检测。常见的电阻型气体传感器如表7.1所示。

表7.1 常见电阻型气体传感器

型 号	气 体 类 型	测量范围/(mg/kg)
MQ-2	可燃气体、烟雾	300～10 000
MQ-4	天然气、甲烷	300～10 000
MQ-5	液化气、甲烷、煤制气	300～5000
MQ-6	液化气、异丁烷、丙烷	100～10 000
MQ-8	氢气、煤制气	50～10 000
MQ306A	液化气、甲烷、煤制气	300～5000
MQ214	甲烷	300～5000
MQ216	液化气、甲烷、煤制气	100～10 000
MQ-7	一氧化碳 CO	10～1000
MQ307A	一氧化碳 CO	10～500
MQ217	一氧化碳 CO	10～1000
MQ-9	一氧化碳 CO	10～1000
	可燃气体	100～10 000
MQ309A	一氧化碳 CO	10～500
	可燃气体	30～5000
	臭氧 O_3	0.01～2/10～500
	烟雾	10 000～1 000 000
	NH_3	10～300
	苯	10～1000
	酒精	10～600
MQ136	硫化氢	1～200
MQ137	氨气	10～300

续表

型 号	气 体 类 型	测量范围/(mg/kg)
MQ138	醇类、苯类、醛类、酮类、酯类等有机挥发物	5～5000
	酒精(乙醇)	10～1000
MQ303A	酒精(乙醇)	20～1000
MQ213	酒精	10～1000

(2) 接触燃烧式气体传感器是基于强催化剂使气体在其表面燃烧时产生热量，使传感器温度上升，这种温度变化可使贵金属电极电导随之变化的原理而设计的。另外与半导体传感器不同的是，它几乎不受周围环境湿度的影响。电容式气体传感器则是根据敏感材料吸附气体后其介电常数发生改变导致电容变化的原理而设计。

(3) 电化学式气体传感器主要利用两个电极之间的化学电位差，一个在气体中测量气体浓度，另一个是固定的参比电极。电化学式传感器采用恒电位电解方式和伽伐尼电池方式工作。有液体电解质和固体电解质，而液体电解质又分为电位型和电流型。电位型利用电极电势和气体浓度之间的关系进行测量；电流型采用极限电流原理，利用气体通过薄层透气膜或毛细孔扩散作为限流措施，获得稳定的传质条件，产生正比于气体浓度或分压的极限扩散电流。

(4) 红外吸收型传感器的工作原理是当红外光通过待测气体时，这些气体分子对特定波长的红外光有吸收，其吸收关系服从朗伯-比尔吸收定律，通过光强的变化测出气体的浓度：

$$I = I_0 \exp(-\alpha_m LC + \beta + \gamma L + \delta) \tag{7.1}$$

式中：α_m 为摩尔分子吸收系数；C 为气体浓度；L 为光和气体的作用长度；β 为瑞利散射系数；γ 为米氏散射系数；δ 为气体密度波动造成的吸收系数；I_0、I 分别为输入、输出光强。

声表面波型传感器的关键是 SAW(Surface Acoustic Wave)振荡器，它由压电材料基片和沉积在基片上不同功能的叉指换能器组成，有延迟型和振子型两种振荡器。SAW 传感器自身固有一个振荡频率，当外界待测量变化时，会引起振荡频率的变化，从而测出气体浓度。

7.1 烟雾和 CO 气体检测

烟雾检测可用于火灾预报中；CO 检测对煤矿和一部分家庭都有重要意义。各类易燃、易爆、有毒、有害气体的检测和报警都可以用相应的气敏传感器及其相关电路实现，如气体成分检测仪、气体报警器、空气净化器等已用于工厂、矿山、家庭、娱乐场所等。

通过表 7.1 可以知道，烟雾检测可以选用 MQ-2 型传感器，CO 检测 MQ-9 型传感器。两种传感器分别如图 7.1 和图 7.2 所示。

MQ-2 和 MQ-9 型传感器的物理特性相似，下面只以 MQ-2 为例进行说明。

图 7.1 MQ-2 气体传感器

图 7.2 MQ-9 气体传感器

1. 引脚的区分和典型电路

MQ-2 型传感器有 6 个引脚，从底部看，如图 7.3 所示。

在实际应用中，如图 7.4 所示，R_L 为输出负载电阻。H 和 H 引脚为加热引脚，保证合适的温度，保证测量的准确度。使用中，A 和 B 引脚短接，短接后的 A、B 引脚可对调使用。

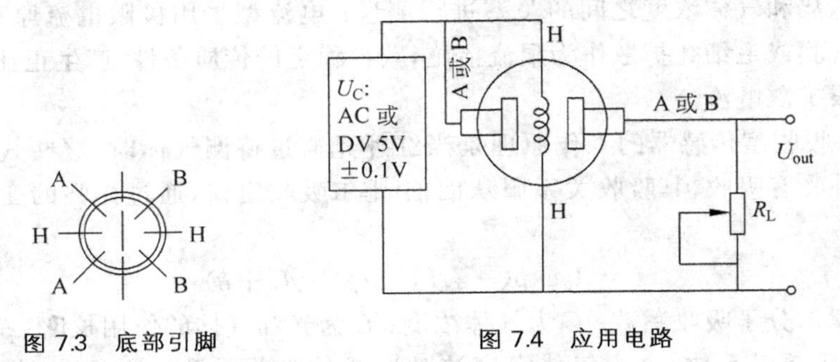

图 7.3 底部引脚

图 7.4 应用电路

图 7.5 是 MQ-2 的灵敏度特性曲线。图中曲线是在温度 20℃，相对湿度为 65%、氧气浓度为 21%，$R_L=5k\Omega$ 的测量结果。R_s 为元件在不同气体、不同浓度下的电阻值；R_0 为元件在洁净空气中的电阻值。

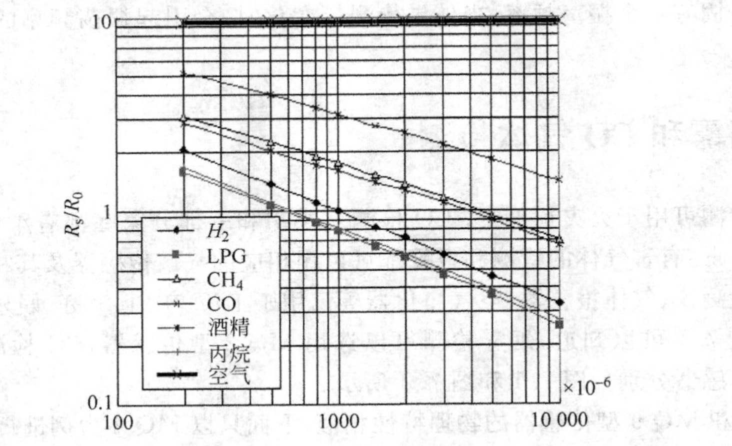

图 7.5 MQ-2 的灵敏度特性曲线

2. 应用

1) 有害气体鉴别、报警与控制电路

图 7.6 给出的有害气体鉴别、报警与控制电路图一方面可鉴别实验中有无有害气体产生，鉴别液体是否有挥发性；另一方面可自动控制排风扇排气，使室内空气清新。图 7.6中的气体传感器为旁热式烟雾、有害气体传感器，无有害气体时阻值较高(10kΩ 左右)，有有害气体或烟雾进入时阻值急剧下降，A、B 两端电压下降，使得 B 的电压升高，经电阻 R_1 和 R_P 分压、R_2 限流加到开关集成电路 TWH8778 的选通端 5 脚，当 5 脚电压达到预定值时(调节可调电阻 R_P 可改变 5 脚的电压预定值)，1、2 两脚导通。+12V 电压加到继电器上使其通电，触点 J1-1 吸合，合上排风扇电源开关自动排风。同时 2 脚+12V 电压经 R_4 限流和稳压二极管 DW1 稳压后供给微音器 HTD 电压而发出嘀嘀声，而且发光二极管发出红光，实现声光报警的功能。

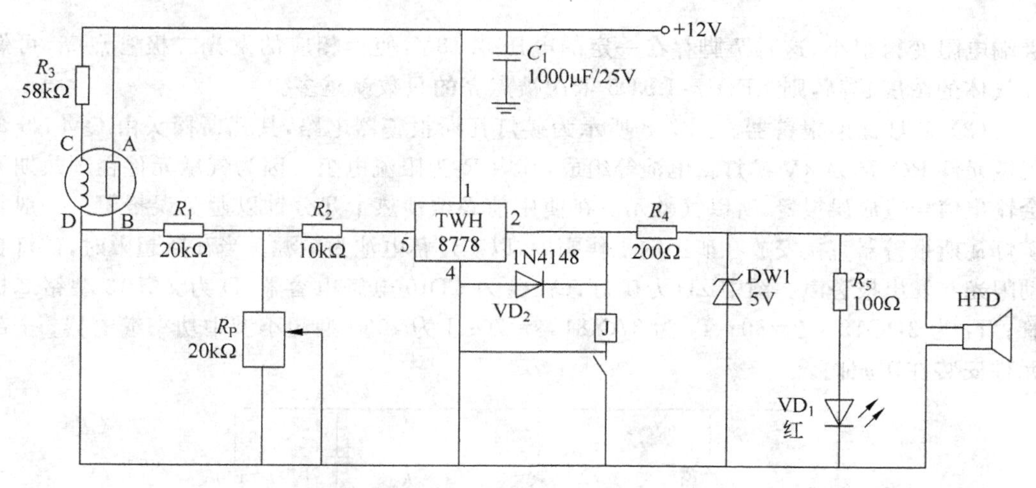

图 7.6 实验室有害气体鉴别与控制电路

2) 可燃性气体浓度检测电路

(1) 家用可燃性气体的检测。图 7.7 电路原理图可用于家庭对煤气、一氧化碳、液化石油气等泄漏实现监测报警。图中 U257B 是 LED 条形驱动器集成电路，其输出量(LED 点亮只数)与输入电压呈线性关系。LED 被点亮的只数取决于输入端 7 脚电位的高低。通常 IC 7 脚电压低于 0.18V 时，其输出端 2～6 脚均为低电平，LED1～LED5 均不亮。当 7 脚电位等于 0.18V 时，LED1 被点亮；7 脚电压为 0.53V 时，则 LED1 和 LED2 均点亮；7 脚电压为 0.84V 时，LED1～LED3 均点亮；7 脚电压为 1.19V 时，LED1～LED4 均点亮；7 脚电压等于 2V 时，则使 LED1～LED5 全部点亮。U2587 的额定工作范围 8～25V；输入电压最大 5V；输入电流 0.5mA；功耗 690mW。采用低功耗、高灵敏的 QM-N10 型气敏检测管，它和电位器 R_P 组成电路，气敏检测信号从 R_P 的中心端旋臂取出。

当 QM-N10 不接触可燃性气体时，其 A、B 两极间呈高阻抗，使得 7 脚电压趋于 0V，相应 LED1～LED5 均不亮。当 QM-N10 处在一定的可燃性气体浓度中时，其 A、B 两电

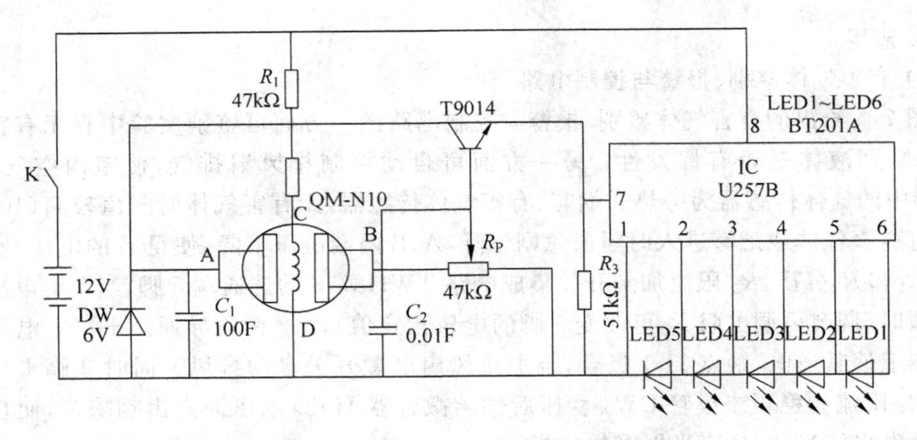

图 7.7 可燃性气体浓度检测电路原理图

极端电阻变得很小，这时 7 脚存在一定的电压 0.18V，使得相应的发光二极管点亮，可燃性气体的浓度越高，则 LED1～LED5 依次被点亮的只数就越多。

(2) 矿灯瓦斯报警器。图 7.8 所示为矿灯瓦斯报警器电路，其瓦斯探头由 QM-N5 型气敏元件 RQ、R_1及 4V 矿灯蓄电池等组成，其中 R_1为限流电阻。因为气敏元件在预热期间会输出信号造成误报警，所以气敏元件在使用前必须预热十几分钟以避免误报警。一般将矿灯瓦斯报警器直接安放在矿工的工作帽内，以矿灯蓄电池为电源。当瓦斯超限时，矿灯自动闪光并发出报警声。图中 ZD 为矿灯，C_1、C_2为 CD10 电解电容器，D 为 2AP13 型锗二极管；T_1 为 3DG12B，$\beta=80$；T_2 为 3AX81，$\beta=70$；J 为 4099 型超小型中功率继电器；全部元件安装在矿帽内。

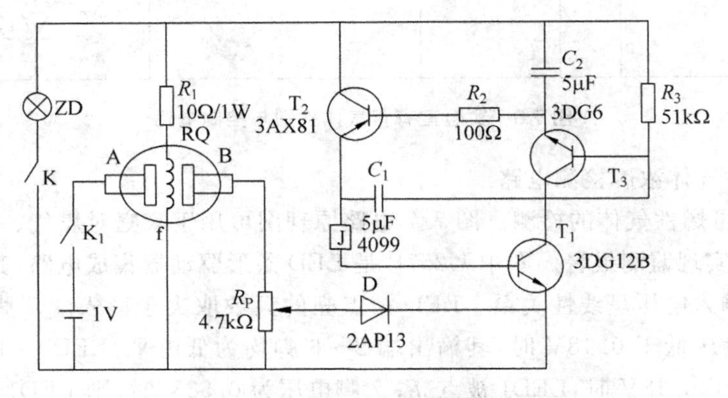

图 7.8 矿灯瓦斯报警器电路

R_P为报警设定电位器。当瓦斯超过某设定点时，R_P输出信号通过二极管 D 加到 T_1基极上，T_1导通，T_2、T_3便开始工作。而当瓦斯浓度过低时，R_P输出的信号电位低，T_1截止，T_2、T_3也截止。T_2、T_3为一个互补式自激多谐振荡器。在 T_1 导通后电源通过 R_3对 C_1充电，当充电至一定电压时 T_3导通，C_2很快通过 T_3充电，使 T_2导通，继电器 J 吸合。T_2导通后 C_1立即开始放电，C_1正极经 T_3的基极、发射极、T_1的集电结、电源负极，再经电源正极至 T_2集电结至 C_1负极，所以放电时间常数较大。当 C_1两端电压接近零时，T_3截止，此时 T_2 还不能马上截止，原因是电容器 C_2 上还有电荷，这时 C_2 经 R_2 和 T_2 的发射结放电，待 C_2 两端电压接近零时 T_2 就截止了，自然 J 也就释放。当 T_3 截止，C_1 又进入充电阶段，以后过程又同前述，使电路形成自激振荡，J 不断地吸合和释放。由于 J 与矿灯都是安装在工作帽上，J 吸合时，衔铁撞击铁芯发出的"嗒、嗒"声通过矿帽传递给矿工听见。同时，矿灯因 J 的吸合与释放也不断闪光，引起矿工的警觉。对 RQ 要采取防风防煤尘措施但要透气，将它安装在矿帽前沿。调试时通过 15min 后，在清洁空气中调节 R_P，使 D 的正极对地电压低于 0.5V，使 T_1 截止；然后将气敏元件通入瓦斯气样，报警即可。

7.2　CO_2 传感器和最新敏感材料

随着人类社会的进步和科学技术的发展，人们的生活水平得到了迅速提高，工业生产规模也迅速扩大，但同时导致了二氧化碳的排放成倍增长，如温室效应，土地荒漠化程度加速等，严重影响并破坏着人类的生存环境。另外，二氧化碳是农作物光合作用的主要原料，其含量合适与否直接影响农作物的生长。随着人们环保意识的增强和科技的进步，如何快速检测二氧化碳的含量，削减二氧化碳的排放，已成为广泛关注的问题。

目前检测二氧化碳的方法主要有化学法、电化学法、气相色谱法、容量滴定法等，这些方法普遍存在着价格高、普适性差等问题，且测量精度还较低。

传感器法具有安全可靠、快速直读、可连续监测等优点。目前各种检测用的二氧化碳传感器主要有固体电解质式、钛酸钡复合氧化物电容式、电导变化型厚膜式等，这些传感器存在对气体的选择性差、易出现误报、需要频繁校准、使用寿命较短等不足。

红外吸收型二氧化碳传感器具有测量范围宽、灵敏度高、响应时间快、选择性好、抗干扰能力强等特点。

固体电解质 CO_2 气体传感器是由 Gauthier 提出的。初期用 K_2CO_3 固体电解质制备的电位型 CO_2 传感器，受共存水蒸气影响很大，难以实用；后来有人利用稳定化锆酸盐 ZrO_2-MgO 设计一种 CO_2 敏感传感器，LaF_3 单晶与金属碳酸盐相结合制成的 CO_2 传感器具有良好的气敏特性，在此基础上有人提出利用稳定化锆酸盐/碳酸盐相结合而成的传感器。

1990 年日本山添等人采用 NaSiCON(Na^+ 超导体)固体电解质和二元碳酸盐($BaCO_3$ Na_2CO_3)电极，使传感器响应特性有了大的改进。但是，这类电位型的固态 CO_2 传感器需要在高温(400～600℃)下工作，且只适宜于检测低浓度 CO_2，应用范围受到限制。

现在采用聚丙烯腈(PAN)、二甲亚砜(DMSO)和高氯酸四丁基铵(TBAP)制备了一种新型固体聚合物电解质。以恰当用量配比 PAN-DMSO-TBAP 聚合物电解质呈有高达 $10^{-4}S \cdot cm^{-1}$ 的室温离子电导率和良好的空间网状多孔结构，由其在金微电极上成膜构成的全固态电化学体系，在常温下对 CO_2 气体有良好的电流响应特性，消除了传统电化学传感器因电解液渗漏或干涸带来的弊端，又具有体积小、使用方便的独到优点。

电容式传感器是利用金属氧化物一般比碳酸盐的介电常数要大，从而具有很高的灵敏度来检测 CO_2。报道采用溶胶-凝胶法，以醋酸钡和钛酸丁酯为原材料，乙醇和醋酸为溶剂制备了 $BaTiO_3$ 纳米晶材料。采用这种纳米晶材料为基体，制备电容式 CO_2 气体传感器。

光纤 CO_2 传感器利用 CO_2 与水结合后生成弱酸性碳酸，通过灵敏度较高的荧光法，来

检测 CO_2 浓度。如杨荣华等人研制的基于荧光碎灭原理的固定有叶琳的聚氯乙烯敏感膜，其原理是利用环糊精对叶琳的荧光增强效应，且该荧光能被溶液中二氧化碳碎灭，该膜响应速度快、重现性好、抗干扰能力强，测定碳酸的范围达到了 $4.75\times10^{-7}\sim3.90\times10^{-5}$ mol/L，这对化学传感器来说是一个较好的性能指标。该方法克服了化学发光传感器消耗试剂的不足，不必连续不断地在反应区加送试剂。

7.2.1 检测电路的工作原理

红外吸收型 CO_2 气体传感器是基于气体的吸收光谱随物质的不同而存在差异的原理制成的。不同气体分子化学结构不同，对不同波长的红外辐射的吸收程度就不同。因此，不同波长的红外辐射依次照射到样品物质时，某些波长的辐射能被样品物质选择吸收而变弱，产生红外吸收光谱，故当知道某种物质的红外吸收光谱时，便能从中获得该物质在红外区的吸收峰。同一种物质不同浓度时，在同一吸收峰位置有不同的吸收强度，吸收强度与浓度成正比。因此通过检测气体对光的波长和强度的影响，便可以确定气体的浓度。

根据比尔朗伯定律，输出光强度、输入光强度和气体浓度之间的关系为

$$I = I_0 \exp(-\alpha_m L C) \tag{7.2}$$

式中：α_m 为摩尔分子吸收系数；C 为待测气体浓度；L 为光和气体的作用长度（传感长度）。对式(7.2)进行变换得

$$C = \frac{1}{\alpha_m L}\ln\frac{I_0}{I} \tag{7.3}$$

通过检测相关数据就可以得知气体的浓度。

红外二氧化碳传感器探头结构如图 7.9 所示，由红外光源、测量气室、可调干涉滤光镜、光探测器、光调制电路、放大系统等组成。红外光源采用镍铬丝，其通电加热后可发出 3～10μm 的红外线，其中包含了 4.26μm 处 CO_2 气体的强吸收峰。在气室中，二氧化碳吸收光源发出特定波长的光，经探测器检测则可显示出二氧化碳对红外线的吸收情况。干涉滤光镜是可调的，调节它可改变其通过的光波波段，从而改变探测器探测到信号的强弱。红外探测器为薄膜电容，吸收了红外能量后，气体温度升高，导致室内压力增大，电容两极间的距离随之改变，电容值也改变。CO_2 气体的浓度越大，电容值改变也就越大。

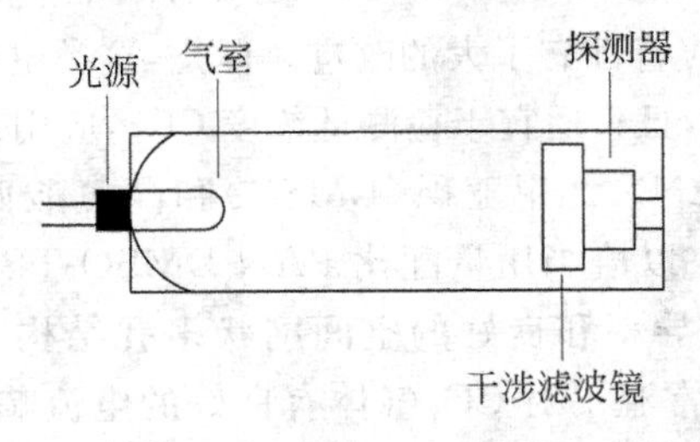

图 7.9 二氧化碳传感器探头结构

基于非发散性红外线气体检测原理的测量方法主要有 2 种：单光束单波长测量和双光束双波长测量。

(1) 单光束单波长测量。这种 CO_2 传感器测量仪器只能提供单一波长的光线，在上

述3种测量方法中它的性能最差，其稳定性极易受到诸如灯泡老化、灰尘污染及光线发射特性变化等因素的影响。目前在市场上销售的许多种单光束单波长测量仪器的稳定性都不很理想。此外，温度的变化也会影响其稳定性，但这种仪器的优点是构造简单、机械性能可靠且价格低廉。

(2) 双光束双波长测量。这种测量的仪器备有2个光波通道、1个探测器及2个滤光镜，与前一种仪器比较，其精度和稳定性都有所提高，但相应的价格也较高。此外为提高其工作温度范围，2个探测器必须完全匹配。在实际应用中，2个光波通道受到的灰尘污染程度同样也会给这类测量仪器带来因非对称污染而精度失准的问题。

7.2.2　检测电路的设计原理

检测电路设计的原理框图如图7.10所示。

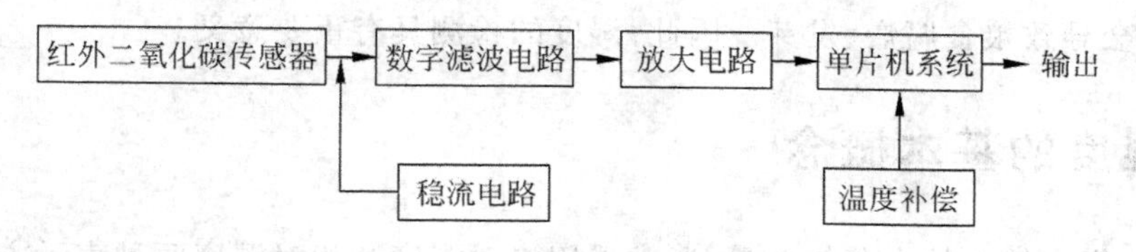

图7.10　检测电路原理框图

检测电路由红外二氧化碳传感器、数字滤波电路、放大电路、稳流电路、单片机系统、温度补偿等组成。设计的基本原理是红外二氧化碳传感器将检测到的二氧化碳气体浓度转换成相应的电信号，输出的电信号分别经过滤波、放大处理，输入单片机系统，并经温度和气压补偿等处理后，由单片机系统输出显示装置显示其测量值。

本章小结

本章主要讲解气体含量的测量。

可燃性气体传感器的自身电阻与可燃性气体的含量相关。通过检测可燃性气体的自身电阻，即可间接地获得可燃性气体含量。结合相关电路，可实现可燃性气体的含量检测，同时实现气体含量超标报警。

气体中二氧化碳含量的检测通常根据比尔朗伯定律，其含量的不同对红外线的吸收能力不同，通过检测红外线的衰减度，可检测出二氧化碳的含量。

思考题与习题

1. MQ-2传感器的输出电阻和哪些因素有关？
2. 应用MQ-2设计一个气体检测报警电路。
3. 哪种传感器可以检测天然气？
4. 二氧化碳含量的检测原理是什么？

第8章 CHAPTER 8

湿 度 测 量

湿度检测对工、农业生产和日常生活具有重要意义,适合的湿度是产品质量保证的关键因素。日常生活中,湿度过高导致材料变质,腐烂;湿度过低,容易引发火灾;粮库中,湿度过高,会导致粮食腐烂、发芽。因此,湿度的检测具有重要意义。

8.1 湿度的基本概念

湿度是指大气中的水蒸气含量,通常采用绝对湿度和相对湿度两种表示方法。

绝对湿度是指单位空间中所含水蒸气的绝对含量、浓度或密度,一般用符号 AH(Absolute Humidity)表示。相对湿度是指被测气体中蒸汽压和该气体在相同温度下饱和水蒸气的百分比,一般用符号 RH(Relative Humidity)表示。相对湿度给出大气的潮湿程度,它是一个无量纲的量,在实际使用中多使用相对湿度这一概念。

8.2 湿度传感器

湿度传感器将所处环境的湿度转化为相应的电阻、电容等电信号的输出。

8.2.1 分离元件式湿度传感器

1. 湿敏电阻传感器

氯化锂湿敏电阻是利用吸湿盐类潮解,离子导电率发生变化而制成的测湿元件。该元件的结构如图 8.1 所示,由引线、基片、感湿层与电极组成。氯化锂通常与聚乙烯醇组成混合体,在氯化锂(LiCl)溶液中,Li 和 Cl 均以正负离子的形式存在,而 Li+对水分子的吸引力强,离子水合程度高,其溶液中的离子导电能力与浓度成正比。当溶液置于一定温湿场中,若环境相对湿度高,溶液将吸收水分,使浓度降低,因此,其溶液电阻率增高。

反之,环境相对湿度变低时,则溶液浓度升高,其电阻率下降从而实现对湿度的测量。氯化锂湿敏元件的湿度-电阻曲线如图 8.2 所示。

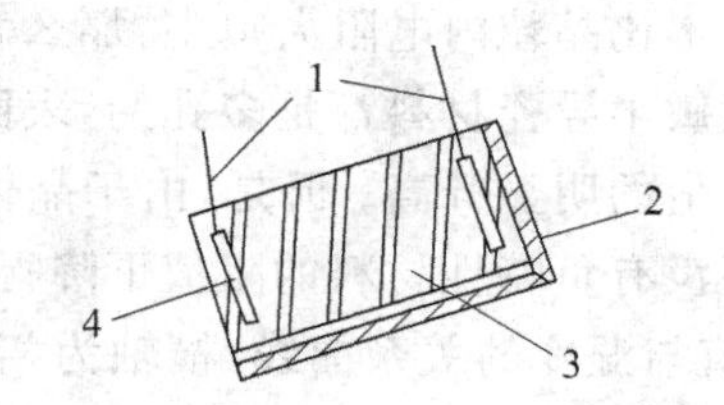

图 8.1 氯化锂湿敏电阻结构示意图

1—引线；2—基片；3—感湿器；4—电极

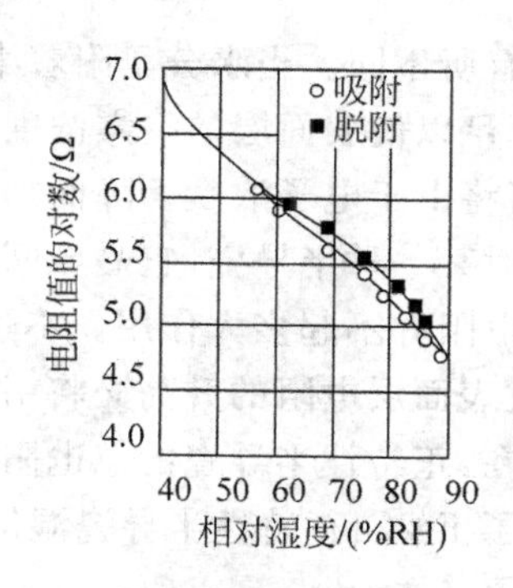

图 8.2 氯化锂湿度-电阻特性曲线

由图可知，在 50%～80%相对湿度范围内，电阻与湿度的变化呈线性关系。为了扩大湿度测量的线性范围，可以将多个氯化锂含量不同的器件组合使用，如将测量范围分别为(10%～20%)RH、(20%～40%)RH、(40%～70%)RH、(70%～90%)RH 和(80%～90%)RH 五种元件配合使用，就可自动地转换完成整个湿度范围的测量。

氯化锂湿敏元件的优点是滞后小，不受测试环境风速影响，检测精度高达±5%，但其耐热性差，不能用于露点以下测量，重复性不理想，使用寿命短。

2. 半导体陶瓷湿敏电阻

半导体陶瓷湿敏电阻通常是用两种以上的金属氧化物半导体材料混合烧结而成的多孔陶瓷。这些材料有 $ZnO\text{-}LiO_2\text{-}V_2O_5$ 系、$Si\text{-}Na_2O\text{-}V_2O_5$ 系、$TiO_2\text{-}MgO\text{-}Cr_2O_3$ 系、Fe_3O_4 等，前三种材料的电阻率随湿度增大而下降，故称为负特性湿敏半导体陶瓷，最后一种的电阻率随湿度的增大而增大，故称为正特性湿敏半导体陶瓷，有时称将半导体陶瓷简称为半导瓷。

1) 负特性湿敏半导瓷的导电机理

由于水分子中的氢原子具有很强的正电场，当水在半导瓷表面吸附时，就有可能从半导瓷表面俘获电子使半导瓷表面带负电。如果该半导瓷是 P 型半导体，则由于水分子吸附使表面电势下降。将吸引更多的空穴到达其表面，于是表面层的电阻下降。若该半导瓷为 N 型，则由于水分子的附着使表面电势下降。如果表面电势下降较多，不仅使表面层的电子耗尽，同时吸引更多的空穴达到表面层，有可能使到达表面层的空穴浓度大于电子浓度，出现所谓表面反型层，这些空穴称为反型载流子。它们同样可以在表面迁移而对电导做出贡献。

由此可见，不论是 N 型还是 P 型半导瓷，其电阻率都随湿度的增加而下降。图 8.3 说明了几种负特性半导瓷阻值与湿度的关系。

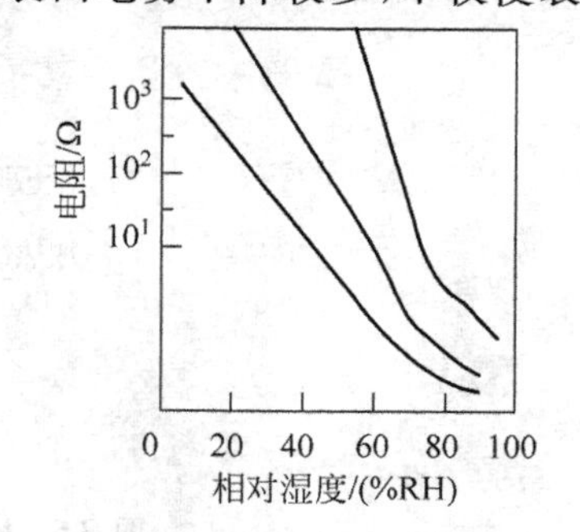

图 8.3 相对湿度与电阻的关系

2) 正特性湿敏半导瓷的导电机理

正特性湿敏半导瓷材料的结构、电子能量状态与负特性材料有所不同。当水分子附着半导瓷的表面使电势变负时，导致其表面层电子浓度下降，但不足以使表面层的空穴浓度增加到出现反型程度，此时仍以电子导电为主。于是，表面电阻将由于电子浓度下降而加大，这类半导瓷材料的表面电阻将随湿度的增加而加大。如果对某一种半导瓷，它晶粒间的电阻并不比晶粒内电阻大很多，那么表面层电阻的加大对总电阻并不起多大作用。不过，通常湿敏半导瓷材料都是多孔的，表面电导占的比例很大，故表面层电阻的升高必将引起总电阻值的明显升高；但是，由于晶体内部低阻支路仍然存在，正特性半导瓷的总电阻值的升高没有负特性材料的阻值下降得那么明显。图 8.4 给出了 Fe_3O_4 正特性半导瓷湿敏电阻阻值与湿度的关系曲线，横轴为相对湿度，纵轴为电阻。

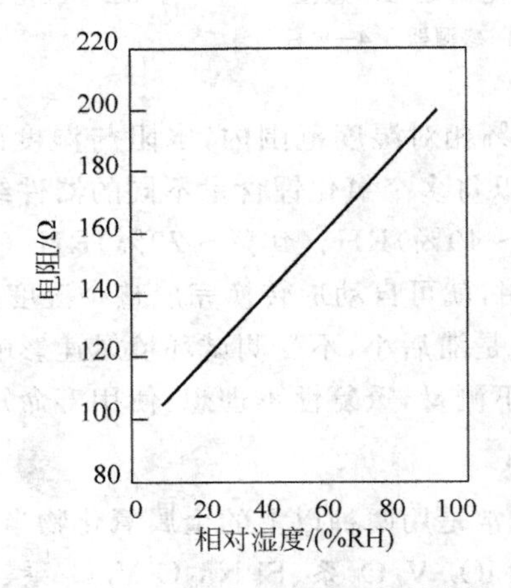

图 8.4 Fe_3O_4 半导瓷的正湿敏特性

3）典型半导瓷湿敏元件

（1）$MgCr_2O_4$-TiO_2 湿敏元件。氧化镁复合氧化物-二氧化钛湿敏材料通常制成多孔陶瓷湿-电转换器件，它是负特性半导瓷，$MgCr_2O_4$ 为 P 型半导体，它的电阻率低阻值特性好，结构如图 8.5 所示，在 $MgCr_2O_4$-TiO_2 陶瓷片的两面涂覆有多孔金电极。金电极与引出线烧结在一起，为了减少测量误差，在陶瓷片外设置由镍铬丝制成的加热线圈，以便对器件加热清洗，排除恶劣气氛对器件的污染。整个器件安装在陶瓷基片上，电极引线一般采用铂-铱合金。

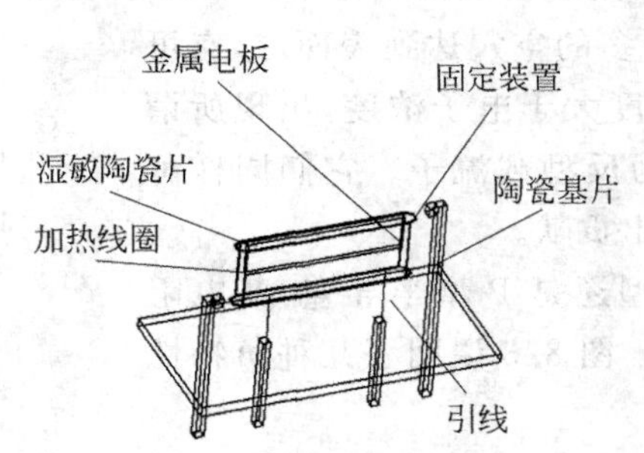

图 8.5 $MgCr_2O_4$-TiO_2 陶瓷湿度传感器的结构

$MgCr_2O_4$-TiO_2陶瓷湿度传感器的相对湿度与电阻值之间的关系如图 8.6 所示。传感器的电阻值既随所处环境的相对湿度而减少，又随周围环境温度的变化而有所变化。

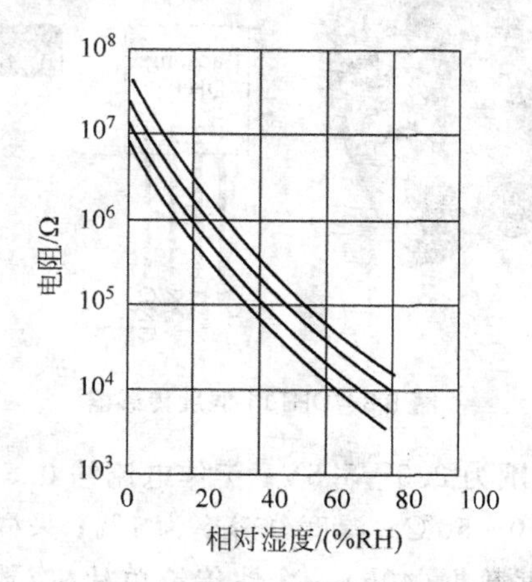

图 8.6 $MgCr_2O_4$-TiO_2陶瓷湿度传感器相对湿度与电阻的关系

(2) ZnO-Cr_2O_3陶瓷湿敏元件。ZnO-Cr_2O_3湿敏元件的结构是将多孔材料的电极烧结在多孔陶瓷圆片的两表面上，并焊上引线，然后将敏感元件装入有网眼过滤的方形塑料盒中用树脂固定而做成的，其结构如图 8.7 所示。

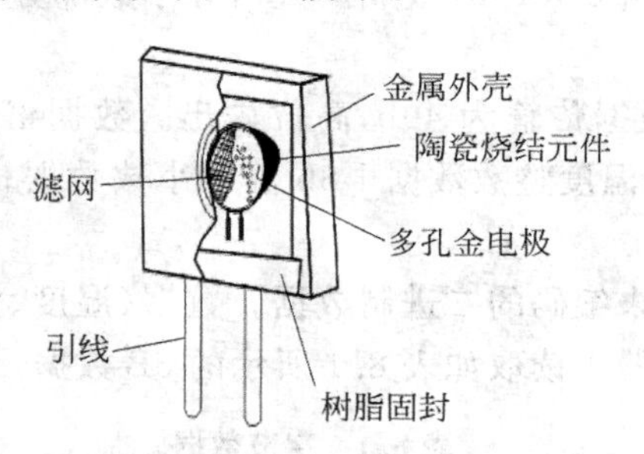

图 8.7 ZnO-Cr_2O_3陶瓷湿敏传感器结构

ZnO-Cr_2O_3传感器能连续稳定地测量湿度，而无须加热除污装置，因此功耗低于 0.5W，体积小，成本低，是一种常用的测湿传感器。

8.2.2 集成式湿度传感器

分立件式湿度传感器在应用中，需要添加相应的处理电路，对设计者提出了较高要求。在实际应用中，诸多场合下是使用集成式湿度传感器，它将传感器、微处理器等元件集成在一起，向外部输出标注的数字和模拟信号，其中以输出数字量的集成式湿度传感器居多。

DHT11 是广州奥松有限公司生产的一款湿温度一体化的数字传感器。该传感器包括一个电阻式测湿元件和一个 NTC 测温元件，并与一个高性能 8 位单片机相连接。通过单片机等微处理器的电路连接就能够实时采集本地湿度和温度。DHT11 与单片机之间采用简单的单总线进行通信，仅仅需要一个 I/O 口。DHT11 是数字式湿度传感器，外观如图 8.8 所示。

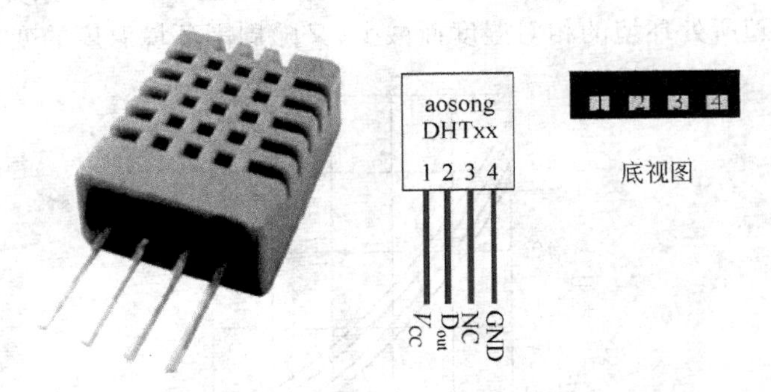

图 8.8 DHT11 湿度传感器

DHT11 的工作电压范围为 3.5～5.5V；工作电流约 0.5mA；湿度测量范围为 20～90%RH；温度测量范围为 0～50℃；湿度分辨率为 1%；采样周期为 1s。

传感器内部湿度和温度数据(40b)一次性传给单片机，数据采用校验和方式进行校验，有效保证数据传输的准确性。DHT11 功耗很低，5V 电源电压下，工作平均最大电流为 0.5mA。

DHT11 数字湿温度传感器采用单总线数据格式。即单个数据引脚端口完成输入、输出双向传输。其数据包由 5B(40b)组成。数据分小数部分和整数部分，具体格式如下所述。

DHT11 一次完整的数据传输为 40b，高位先出。数据格式：8b 湿度整数数据＋8b 湿度小数数据；温度为 8b 温度整数数据＋8b 温度小数数据；最后为 8b 校验和，是前四个字节相加。

传感器数据输出的是未编码的二进制数据。数据(湿度、温度、整数、小数)之间应该分开处理。如某次从传感器中读取如表 8.1 所示的 5B 数据。

表 8.1 字节数据

byte4	byte3	byte2	byte1	byte0
00101101	00000000	00011100	00000000	01001001

通过上述数据结构，可知：

H (湿度)＝ byte4；byte3＝45.0 (%RH)

T (温度)＝ byte2；byte1＝28.0 (℃)

校验位应为 byte4＋byte3＋byte2＋byte1＝0x49＝73，因此传输无误。

使用注意事项如下。

(1) 在指定的湿度范围外使用湿度传感器时，会导致 3%的误差；当回到正常工作条件范围内，DHT11 传感器能逐渐恢复到校正状态。在非正常范围内的工作，将降低它的使用寿命。

(2) 注意化学物质。化学物质中的水蒸气将影响它的湿度敏感元件和降低灵敏度。高度化学反应将永久损坏传感器。

(3) 传感器参数恢复过程为①保持湿度传感器的工作温度为 50～60℃，湿度小于 10%RH 2h；②保持湿度传感器的工作温度为 20～30℃，湿度大于 70%RH 5h。

(4) 温度影响。相对湿度测量在很大程度上受制于温度。虽然已经应用温度补偿技术，但是生产厂家依旧建议将湿度传感器和温度传感器处在同一温度下，建议将该湿度传感器放在远离热源之处。

(5) 光照度影响。DHT11 的测量精度受阳光和紫外线的影响。

(6) 连线。连线方式将影响信号质量，推荐使用远距离通信和高质量屏蔽线。

(7) 不要在露天下使用。

8.3 典型的湿度检测电路

8.3.1 HS1000 的应用电路

HS1000 是电容式湿度传感器，它输出一个和湿度相关的电容值。图 8.9 所示电路将湿度值转化为频率值。

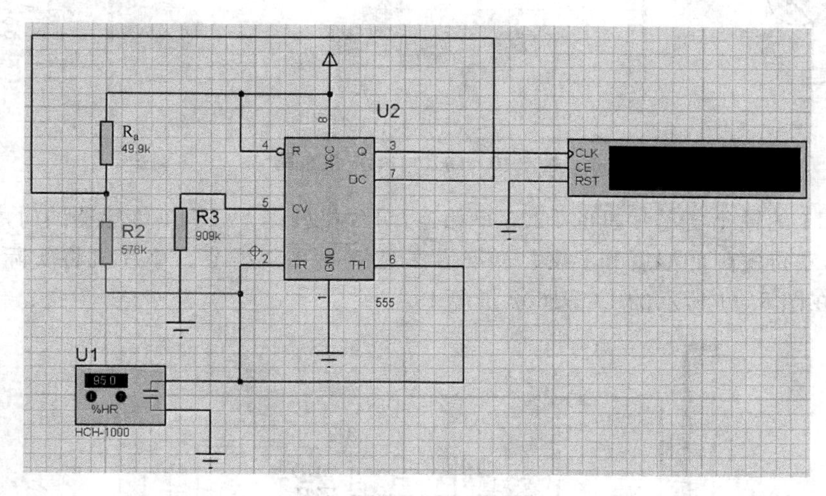

图 8.9 HS1000 应用电路

图 8.9 中，555 振荡器输出的频率为

$$f = \frac{1}{0.7(R_a + 2R_b)C} \tag{8.1}$$

式中：C 为湿度传感器 HS1000 的等效电容。该电路的输出如表 8.2 所示(未修正)。

表 8.2 HS1000 的湿度与频率值

湿度/RH	10	20	30	40	50	60	70	80	90
频率/Hz	3980	3901	3826	3756	3682	3621	3555	3491	3433

通过检测频率即可获得相应的电容值，根据 HS1000 的特性曲线换算到相应的湿度值。

8.3.2 DHT11 的应用电路

DHT11 的应用电路如图 8.10 所示。

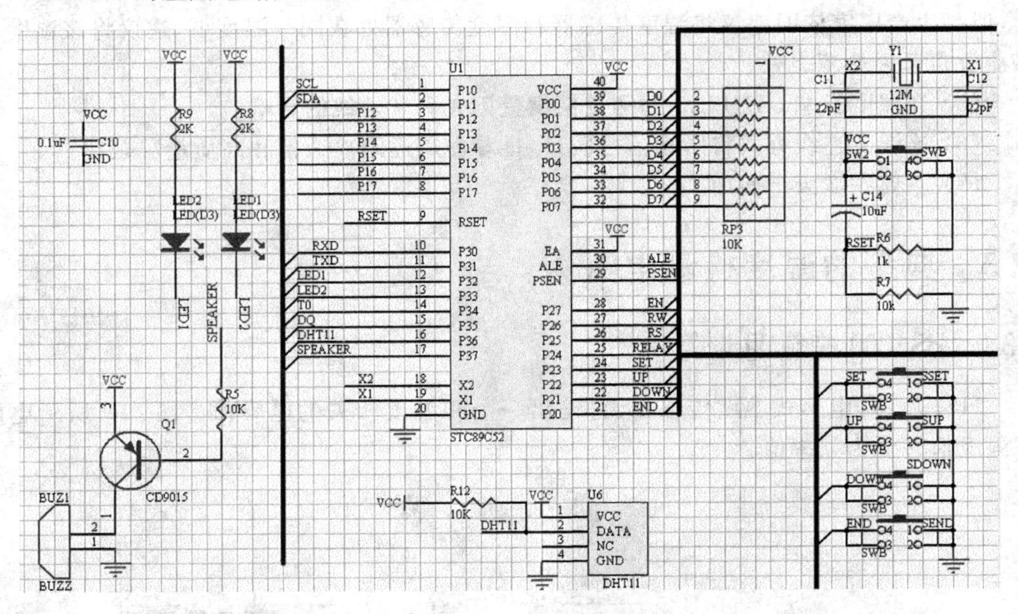

图 8.10 DHT11 的应用电路

DHT11 的输出与单片机的 P3.6 口相连，单片机根据 DHT11 传感器的时序，完成数据的读取，获得实际的湿度和湿度。转换方法见第 8.2.2 小节。单片机将实际的温度和湿度显示在图 8.11 所示的 LCD1602 屏幕上。

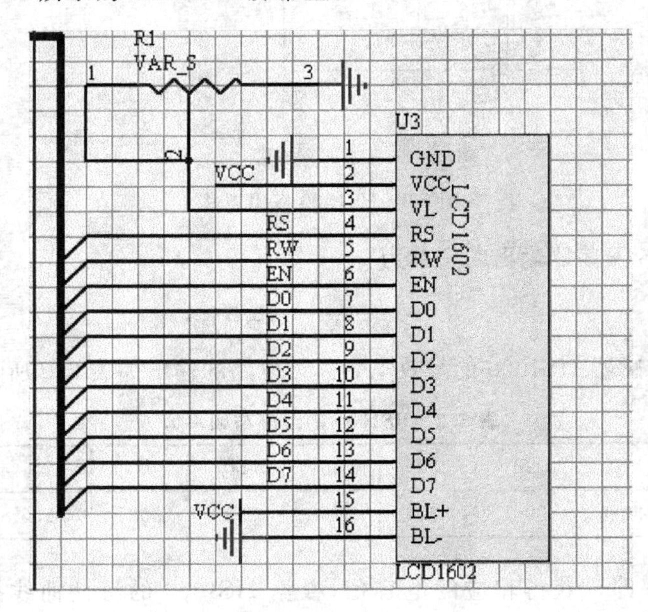

图 8.11 显示电路

使用者通过按键输入相应的湿度报警限，输入完成后，单片机存储在自己的闪存中。同时单片机将检测的湿度和设定值比较，当湿度超过高限和低限后，将采用声光报警，提醒用户湿度不正常。当湿度过低时，同时将图 8.12 中的继电器闭合，可以驱动外部的加湿器工作。

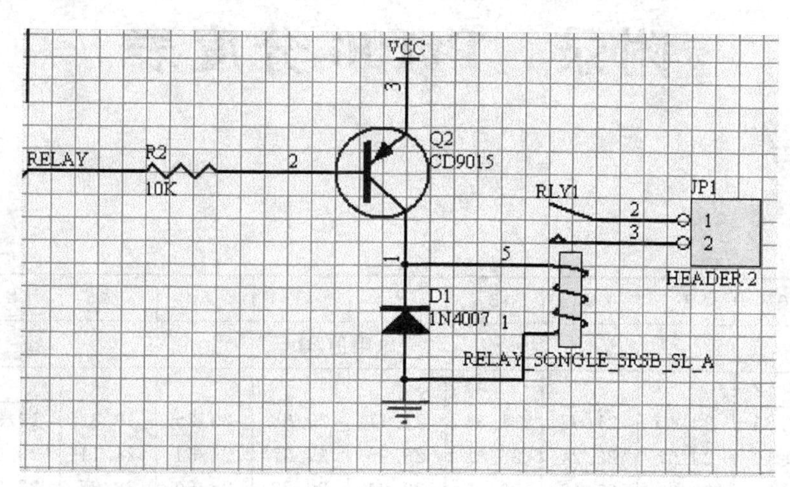

图 8.12 继电器电路

本章小结

本章主要讲解了基于湿敏电阻的测量方法和基于集成式湿度传感器的湿度检测方法以及与微处理器的接口。

思考题与习题

1. 湿度的定义是什么？有哪两种常见的表示方法？
2. 湿度传感器的常见工作原理是什么？
3. 如何将电容式湿度传感器的输出信号转化为可测量信号？
4. 如何进一步提高电容式湿度传感器的测量精度？

附录　Pt100 分度表

温度/℃	0	1	2	3	4	5	6	7	8	9
	电阻值/Ω									
−200	18.52									
−190	22.83	22.40	21.97	21.54	21.11	20.68	20.25	19.82	19.38	18.95
−180	27.10	26.67	26.24	25.82	25.39	24.97	24.54	24.11	23.68	23.25
−170	31.34	30.91	30.49	30.07	29.64	29.22	28.80	28.37	27.95	27.52
−160	35.54	35.12	34.70	34.28	33.86	33.44	33.02	32.60	32.18	31.76
−150	39.72	39.31	38.89	38.47	38.05	37.64	37.22	36.80	36.38	35.96
−140	43.88	43.46	43.05	42.63	42.22	41.80	41.39	40.97	40.56	40.14
−130	48.00	47.59	47.18	46.77	46.36	45.94	45.53	45.12	44.70	44.29
−120	52.11	51.70	51.29	50.88	50.47	50.06	49.65	49.24	48.83	48.42
−110	56.19	55.79	55.38	54.97	54.56	54.15	53.75	53.34	52.93	52.52
−100	60.26	59.85	59.44	59.04	58.63	58.23	57.82	57.41	57.01	56.60
−90	64.30	63.90	63.49	63.09	62.68	62.28	61.88	61.47	61.07	60.66
−80	68.33	67.92	67.52	67.12	66.72	66.31	65.91	65.51	65.11	64.70
−70	72.33	71.93	71.53	71.13	70.73	70.33	69.93	69.53	69.13	68.73
−60	76.33	75.93	75.53	75.13	74.73	74.33	73.93	73.53	73.13	72.73
−50	80.31	79.91	79.51	79.11	78.72	78.32	77.92	77.52	77.12	76.73
−40	84.27	83.87	83.48	83.08	82.69	82.29	81.89	81.50	81.10	80.70
−30	88.22	87.83	87.43	87.04	86.64	86.25	85.85	85.46	85.06	84.67
−20	92.16	91.77	91.37	90.98	90.59	90.19	89.80	89.40	89.01	88.62
−10	96.09	95.69	95.30	94.91	94.52	94.12	93.73	93.34	92.95	92.55
0	100.00	99.61	99.22	98.83	98.44	98.04	97.65	97.26	96.87	96.48
0	100.00	100.39	100.78	101.17	101.56	101.95	102.34	102.73	103.12	103.51
10	103.90	104.29	104.68	105.07	105.46	105.85	106.24	106.63	107.02	107.40
20	107.79	108.18	108.57	108.96	109.35	109.73	110.12	110.51	110.90	111.29
30	111.67	112.06	112.45	112.83	113.22	113.61	114.00	114.38	114.77	115.15
40	115.54	115.93	116.31	116.70	117.08	117.47	117.86	118.24	118.63	119.01
50	119.40	119.78	120.17	120.55	120.94	121.32	121.71	122.09	122.47	122.86
60	123.24	123.63	124.01	124.39	124.78	125.16	125.54	125.93	126.31	126.69

续表

温度/℃	0	1	2	3	4	5	6	7	8	9
	电阻值/Ω									
70	127.08	127.46	127.84	128.22	128.61	128.99	129.37	129.75	130.13	130.52
80	130.90	131.28	131.66	132.04	132.42	132.80	133.18	133.57	133.95	134.33
90	134.71	135.09	135.47	135.85	136.23	136.61	136.99	137.37	137.75	138.13
100	138.51	138.88	139.26	139.64	140.02	140.40	140.78	141.16	141.54	141.91
110	142.29	142.67	143.05	143.43	143.80	144.18	144.56	144.94	145.31	145.69
120	146.07	146.44	146.82	147.20	147.57	147.95	148.33	148.70	149.08	149.46
130	149.83	150.21	150.58	150.96	151.33	151.71	152.08	152.46	152.83	153.21
140	153.58	153.96	154.33	154.71	155.08	155.46	155.83	156.20	156.58	156.95
150	157.33	157.70	158.07	158.45	158.82	159.19	159.56	159.94	160.31	160.68
160	161.05	161.43	161.80	162.17	162.54	162.91	163.29	163.66	164.03	164.40
170	164.77	165.14	165.51	165.89	166.26	166.63	167.00	167.37	167.74	168.11
180	168.48	168.85	169.22	169.59	169.96	170.33	170.70	171.07	171.43	171.80
190	172.17	172.54	172.91	173.28	173.65	174.02	174.38	174.75	175.12	175.49
200	175.86	176.22	176.59	176.96	177.33	177.69	178.06	178.43	178.79	179.16
210	179.53	179.89	180.26	180.63	180.99	181.36	181.72	182.09	182.46	182.82
220	183.19	183.55	183.92	184.28	184.65	185.01	185.38	185.74	186.11	186.47
230	186.84	187.20	187.56	187.93	188.29	188.66	189.02	189.38	189.75	190.11
240	190.47	190.84	191.20	191.56	191.92	192.29	192.65	193.01	193.37	193.74
250	194.10	194.46	194.82	195.18	195.55	195.91	196.27	196.63	196.99	197.35
260	197.71	198.07	198.43	198.79	199.15	199.51	199.87	200.23	200.59	200.95
270	201.31	201.67	202.03	202.39	202.75	203.11	203.47	203.83	204.19	204.55
280	204.90	205.26	205.62	205.98	206.34	206.70	207.05	207.41	207.77	208.13
290	208.48	208.84	209.20	209.56	209.91	210.27	210.63	210.98	211.34	211.70
300	212.05	212.41	212.76	213.12	213.48	213.83	214.19	214.54	214.90	215.25
310	215.61	215.96	216.32	216.67	217.03	217.38	217.74	218.09	218.44	218.80
320	219.15	219.51	219.86	220.21	220.57	220.92	221.27	221.63	221.98	222.33
330	222.68	223.04	223.39	223.74	224.09	224.45	224.80	225.15	225.50	225.85
340	226.21	226.56	226.91	227.26	227.61	227.96	228.31	228.66	229.02	229.37
350	229.72	230.07	230.42	230.77	231.12	231.47	231.82	232.17	232.52	232.87
360	233.21	233.56	233.91	234.26	234.61	234.96	235.31	235.66	236.00	236.35
370	236.70	237.05	237.40	237.74	238.09	238.44	238.79	239.13	239.48	239.83
380	240.18	240.52	240.87	241.22	241.56	241.91	242.26	242.60	242.95	243.29
390	243.64	243.99	244.33	244.68	245.02	245.37	245.71	246.06	246.40	246.75
400	247.09	247.44	247.78	248.13	248.47	248.81	249.16	249.50	245.85	250.19
410	250.53	250.88	251.22	251.56	251.91	252.25	252.59	252.93	253.28	253.62
420	253.96	254.30	254.65	254.99	255.33	255.67	256.01	256.35	256.70	257.04
430	257.38	257.72	258.06	258.40	258.74	259.08	259.42	259.76	260.10	260.44
440	260.78	261.12	261.46	261.80	262.14	262.48	262.82	263.16	263.50	263.84
450	264.18	264.52	264.86	265.20	265.53	265.87	266.21	266.55	266.89	267.22
460	267.56	267.90	268.24	268.57	268.91	269.25	269.59	269.92	270.26	270.60

续表

温度/℃	0	1	2	3	4	5	6	7	8	9
	电阻值/Ω									
470	270.93	271.27	271.61	271.94	272.28	272.61	272.95	273.29	273.62	273.96
480	274.29	274.63	274.96	275.30	275.63	275.97	276.30	276.64	276.97	277.31
490	277.64	277.98	278.31	278.64	278.98	279.31	279.64	279.98	280.31	280.64
500	280.98	281.31	281.64	281.98	282.31	282.64	282.97	283.31	283.64	283.97
510	284.30	284.63	284.97	285.30	285.63	285.96	286.29	286.62	286.85	287.29
520	287.62	287.95	288.28	288.61	288.94	289.27	289.60	289.93	290.26	290.59
530	290.92	291.25	291.58	291.91	292.24	292.56	292.89	293.22	293.55	293.88
540	294.21	294.54	294.86	295.19	295.52	295.85	296.18	296.50	296.83	297.16
550	297.49	297.81	298.14	298.47	298.80	299.12	299.45	299.78	300.10	300.43
560	300.75	301.08	301.41	301.73	302.06	302.38	302.71	303.03	303.36	303.69
570	304.01	304.34	304.66	304.98	305.31	305.63	305.96	306.28	306.61	306.93
580	307.25	307.58	307.90	308.23	308.55	308.87	309.20	309.52	309.84	310.16
590	310.49	310.81	311.13	311.45	311.78	312.10	312.42	312.74	313.06	313.39
600	313.71	314.03	314.35	314.67	314.99	315.31	315.64	315.96	316.28	316.60
610	316.92	317.24	317.56	317.88	318.20	318.52	318.84	319.16	319.48	319.80
620	320.12	320.43	320.75	321.07	321.39	321.71	322.03	322.35	322.67	322.98
630	323.30	323.62	323.94	324.26	324.57	324.89	325.21	325.53	325.84	326.16
640	326.48	326.79	327.11	327.43	327.74	328.06	328.38	328.69	329.01	329.32
650	329.64	329.96	330.27	330.59	330.90	331.22	331.53	331.85	332.16	332.48
660	332.79									

参考文献

[1] 赵玉刚，邱东．传感器基础[M]．北京：中国林业出版社，2006.

[2] 俞云强．传感器与检测技术[M]．北京：高等教育出版社，2008.

[3] 谢亚斐．一种新型红外微差 CO 分析仪[J]．环境与开发，1997(1)：21-23.

[4] 唐凌，杨海萍，张岩，等．基于 TE48C 系列的大气自动监测中 CO 分析仪的原理及维护[J]．冶金自动化，2008(1)：458-460.

[5] 刘迎春，叶湘滨．现代新型传感器原理与应用[M]．北京：国防工业出版社，1998.

[6] 强锡富，传感器[M]．第 2 版．北京：机械工业出版社，1994.

[7] 王元庆，新型传感器及应用[M]．北京：机械工业出版社，2002.

[8] 何希才，传感器及其应用电路[M]．北京：电子工业出版社，2001.

[9] 张洪润，张亚凡．传感技术与应用教程[M]．北京：清华大学出版社，2005.

[10] 樊尚春．传感器技术及应用[M]．北京：北京航空航天大学出版社，2004.

[11] 何道清．传感器与传感器技术[M]．北京：科学出版社，2004.

[12] 宋文绪，杨帆．传感器与检测技术[M]．北京：高等教育出版社，2004.

[13] 孙宝元，杨宝清．传感器及其应用手册[M]．北京：机械工业出版社，2004.

[14] 孟立凡，郑宾．传感器原理及技术[M]．北京：国防工业出版社，2005.

[15] 张佳薇，孙丽萍，宋文龙．传感器原理与应用[M]．哈尔滨：东北林业大学出版社，2003.

[16] 常健生．检测与转换技术[M]．北京：机械工业出版社，1992.

[17] 张琳娜，李武发．传感检测技术及应用[M]．北京：中国计量出版社，1999.

[18] 刘君华．智能传感器系统[M]．西安：西安电子科技大学出版社，1999.

[19] 梁威．智能传感器与信息系统[M]．北京：北京航空航天大学出版社，2004.

[20] 郁有文．传感器原理及工程应用[M]．2 版．西安：西安电子科技大学出版社，2002.

[21] 王君，凌振宝．传感器原理及检测技术[M]．长春：吉林大学出版社，2003.

[22] 蒋大明．传感技术[M]．北京：中国铁道出版社，1998.

[23] 陈杰，黄鸿．传感器与检测技术[M]．北京：高等教育出版社，2002.

[24] 高晓蓉．传感器技术[M]．成都：西南交通大学出版社，2003.

[25] 杨清梅，孙建民．传感器与测试技术[M]．哈尔滨：哈尔滨工程大学出版社，2004.

[26] 徐洁．检测技术与仪器[M]．北京：清华大学出版社，2004.

[27] 林占江．电子测量技术[M]．北京：电子工业出版社，2003.

[28] 刘国林．电子测量[M]．北京：机械工业出版社，2003.